環境経済学の第一歩

FIRST STEPS
IN ENVIRONMENTAL ECONOMICS

著・大沼あゆみ
柘植隆宏

有斐閣ストゥディア

はじめに

本書は，環境経済学の入門テキストです。主要な環境問題を学びながら，環境問題を分析するためのフレームワークを把握することが目的です。経済学の予備知識を持たなくとも学べるように，経済学の基礎的な概念についても説明してあります。

環境問題が世界で強く懸念されたのは半世紀ほど前になります。1970年代，当時の経済成長は地球環境にとって大きな脅威であるという警鐘が鳴らされ，新たな型の経済成長が模索されました。その後，さまざまな環境問題が顕在化してきました。1980年代には，フロンによるオゾン層破壊が，さらに1990年代からは地球温暖化が大きな問題となりました。また，近年では生物多様性や海洋ごみの問題が注目を集めています。こうした中で，環境問題を扱う経済学である環境経済学への関心が高まり，そのフレームワークを，より多くの環境問題をより深く分析できるように拡充してきました。

環境経済学は，さまざまな環境問題の背景にある経済的原因を探り，それに基づき解決策を示す学問です。本書を通じて，さまざまな環境問題の特徴の探り方とその解決策の立て方を学ぶことで，今後出現するかもしれない新たな環境問題も経済学の視点から考えることができるようになるでしょう。

環境経済学が，環境問題を分析対象とする他の学問と異なる点は少なくありません。その1つが，多くの，そして重要な分析の対象が市場（マーケット）であるということです。環境経済学者は市場を万能なものであるとは考えていません。しかし，環境問題の解決のために市場をなくすべきと考えているわけでもありません。市場は制御しないと，時として深刻な環境問題を起こしてしまいますが，一方では環境問題の解決に重要な役割も果たしてくれます。つまり，市場は環境問題の原因でもあり解決策でもあるのです。

市場を適切にコントロールし，一方で新たに市場を創設したり既存の市場をうまく活用することで，環境問題を改善するための処方箋を提示することが，環境経済学の重要な役割です。

環境経済学のもう1つの特徴として，環境問題を解決することで回避できる被害だけではなく，その費用も考慮に入れることがあげられます。ある環境問題に対して，効果がある環境対策があっても，効果に対して費用が著しく大きいものであるならば，環境経済学者は，導入すべきでないという結論を示すことも少なくありません。こうした姿勢に対して，ともすれば「冷たい」という反応を受けることもあります。しかし，そうではありません。環境問題は，解決には長い時間がかかるものが多いのです。こうした環境問題に対しては，長期にわたり対策を取り続けることが必要であるため，もし対策が費用の大きなものであれば，その政策は維持不可能かもしれません。その意味では，効果と費用をしっかりと評価したうえで対策をとることは，環境問題の解決にとって本質的であるともいえます。

一方，環境経済学は多様な学問領域と接点を持ちます。環境経済学を学ぶプロセスで,「地球環境システム」や「将来世代」に，私たちがどのように重きを置くべきか，倫理的な観点から考える必要にも迫られるでしょう。途上国の人々の生活の現状や地域文化を見つめることも必要でしょう。「豊かさ」とは何かについて思いをめぐらすこともあるかもしれません。自然科学の分野についても，多かれ少なかれ学ぶ必要が出てくることはいうまでもありません。

環境経済学を通して，今後の経済社会でますます重要視される環境と社会の関わりについて，広範な知識と問題意識を共有することができるでしょう。

＊　＊　＊

本書は，代表的なさまざまな環境問題を学べるよう，各環境問題の現状と特徴をコンパクトにまとめてあります。また，各章のコラムには，関連するトピックを紹介しています。本書を通じて，汚染，地球温暖化，エネルギー，廃棄物，資源，生物多様性，環境とビジネスなどの分野で，現状を知ることができるでしょう。さらに，各章末にある練習問題を解いてみることで，理解を確認することができます。

本書により，読者の皆さんが，環境問題の解決に対する環境経済学の役割を理解されるならば，大きな喜びとするところです。

最後に，本書の完成までの間，継続的に励ましをいただいた，有斐閣編集部の渡部一樹氏に心よりお礼申し上げます。

2021年11月　グラスゴーにおけるCOP 26で気候合意が採択された日に

大沼あゆみ
栢植 隆宏

インフォメーション

●**各章の構成**　各章には，INTRODUCTION，Column，SUMMARY（まとめ），EXERCISE（練習問題）が収録されています。Columnでは，本文の内容に関連した興味深いテーマが説明されています。各章末には，SUMMARYとEXERCISEが用意されています。復習や，より効果的な学習に，お役立てください。EXERCISEの解答は，巻末に掲載しています。

●**キーワード**　本文中の重要な語句および基本的な用語を太字（ゴシック体）にして示しました。

●**文献案内**　巻末には，より進んだ学習のための文献をリストアップしました。

●**索　引**　巻末に，索引を精選して用意しました。より効果的な学習にお役立てください。

著者紹介

大沼 あゆみ（おおぬま　あゆみ）
慶應義塾大学経済学部教授

1988年，東北大学大学院経済学研究科博士課程後期単位取得退学，博士（経済学）。東北大学経済学部助手，東京外国語大学外国語学部専任講師・助教授等を経て，2003年より現職。

主な著作：

『生物多様性保全の経済学』有斐閣，2014年

『生物多様性を保全する』（栗山浩一と共編），岩波書店，2015年

『環境経済学の政策デザイン――資源循環・低炭素・自然共生』（細田衛士と共編著），慶應義塾大学出版会，2019年

"Comparing Green Infrastructure as Ecosystem-Based Disaster Risk Reduction with Gray Infrastructure in Terms of Costs and Benefits under Uncertainty: A Theoretical Approach"（T. Tsugeと共著），*International Journal of Disaster Risk Reduction*, 32, 22-28, 2018年

"Ecological Feature Benefiting Sustainable Harvesters in Socio-Ecological Systems: A Case Study of Swiftlets in Malaysia"（M. Nakamaruと共著），*Ecological Applications*, 31 (7), 2021年

柘植 隆宏（つげ　たかひろ）
上智大学大学院地球環境学研究科教授

2003年，神戸大学大学院経済学研究科博士課程後期課程修了，博士（経済学）。高崎経済大学地域政策学部講師，甲南大学経済学部准教授・教授を経て，2020年より現職。

主な著作：

『環境評価の最新テクニック――表明選好法・顕示選好法・実験経済学』（栗山浩一・三谷羊平と共編著），勁草書房，2011年

『初心者のための環境評価入門』（栗山浩一・庄子康と共著），勁草書房，2013年

B. C. フィールド『入門自然資源経済学』（庄子康・栗山浩一と共訳），日本評論社，2016年

"Applying Three Distinct Metrics to Measure People's Perceptions of Resilience"（T. Uehara, A. Onumaと共著），*Ecology and Society*, 24 (2), 22, 2019年

"Can Prior Informed Consent Create Virtuous Cycle between Biodiversity Conservation and Genetic Resources Utilization?"（T. Uehara, M. Sono, A. Onumaと共著），*Journal of Environmental Management*, 300, 113767, 2021年

目　次

CHAPTER 3 汚 染 37

CHAPTER 4 地球温暖化 63

CHAPTER 7 枯渇資源 125

CHAPTER 8 再生可能資源 143

CHAPTER

第1章

経済と環境

経済活動を行うためには，森林資源を利用したり，大気中に二酸化炭素を排出しなければならない（写真左：木材置場，右：神奈川県の京浜工業地帯の化学工場〔アフロ提供〕）

INTRODUCTION

本章では経済と環境のつながりを説明します。まず，今日の環境問題が，いかに経済活動と関わっているかを理解します。次に，環境の劣化がなぜ問題なのかを説明します。さらに，環境政策を考えるときに必要となる代表的な2つの視点について説明します。1つ目は，環境を，多くの人が同時にそのサービスを消費できるという公共財として見ることが重要であるという視点です。2つ目は，今日の経済活動の影響が将来世代に及ぶとの理解のもとで，将来世代を含めた視点です。さらには，環境経済学の分析の基本的な枠組みである便益と費用について説明します。最後に，今日の代表的な経済システムである市場経済において，便益と費用がどのように表されるのかを示します。

1 環境問題は経済問題である

さまざまな環境問題の背後には，ほとんどの場合，経済活動があります。地球温暖化は，経済活動のためのエネルギーを得るために化石燃料を使用することで起こりました。エネルギー源として薪が使用されていた時代は，森林減少を引き起こしました。

今日の森林減少は，農業や牧畜など他の経済活動を拡大することが主な原因の１つです。農業は，使用する肥料や農薬が河川や沿岸に流入することで，富栄養化などの水質汚染問題も引き起こしています。水質汚染は，川や海の生物に深刻な被害を与えています。

水に関わる問題では，水不足の問題も国際的に懸念されています。食料需要の増大をまかなうための農業での灌漑用水の増加が主要な原因です。また，私たちの消費量が飛躍的に伸びてきたことで，廃棄物（ごみ）の処理の問題も非常に切実なものになっています。

これらは，今日の社会が直面している環境問題のほんの一例ですが，読者の皆さんは本書で取り上げている他の環境問題にも，その根底には人々の経済活動があることがわかると思います。

自然環境システムと経済システム

市場経済システム

標準的な経済学では，経済をどのように捉えるのでしょうか。簡単にいえば，**経済**とは，財やサービスについて，何をどれだけ生産し，誰にどれだけ配分するかを決めるシステムです。今日，ほとんどの国では，財やサービスの生産と配分が主に市場により決定される，**市場経済システム**を採用しています。経済学は，市場経済システムのさまざまな特徴や問題（経済問題）を分析してきました。

このような考察は，いうまでもなく個々の経済システムの客観的評価や改良に大きく役立ち，私たちの生活に豊かさをもたらす一因となってきたのですが，多くの場合，経済というものを，あたかも自然環境から独立で自己完結的なシステムとみなす見方を暗黙の前提としてきました。

ソースとシンク

しかし，実際は，経済活動は自然環境を利用せずには，成立しません。まず，ものを作ったり，サービスを提供するには，自然から採取した物質を加工したり，エネルギーを使用しなければなりません。これは，木材などの森林資源や，石炭・石油などの化石燃料，あるいは水力や風力，太陽熱など，自然の産品・資源やサービスを利用して可能になります。そもそも私たちが生きていくためには，食料が必要です。食料は，自然から直接採取したり，水や肥沃な土壌と太陽光などの自然を利用して作られます。このように，私たちは，さまざまな経済活動の**ソース（供給源）**として自然環境を利用しています。開発のために森林を耕作地に転換することも，その土地をソースとして使用していると考えることができます。

一方では，経済活動を行うと，多かれ少なかれ，捨てなければならないもの（廃物や廃熱）が発生することは避けられません。たとえば，エネルギー源として化石燃料を使用すれば，二酸化炭素や熱を大気中へ放出しなければなりません。あるいは，生産活動で水を使用すれば，汚水を河川や海に排出しなければなりません。

また，生産されたものは，消費されれば消えてくれるわけではありません。耐久消費財は，そのサービスを楽しむために購入しますが，飽きたり壊れたりすれば捨てられる運命にあります。さらに，包装容器や食べ残しの食品も毎日のように捨てられています。このように，私たちは，環境を，ソースとしてだけではなく，経済活動で生じた不要物の**シンク（吸収源）**としても用いています。

CHART 図 1.1 経済と自然環境の相互作用

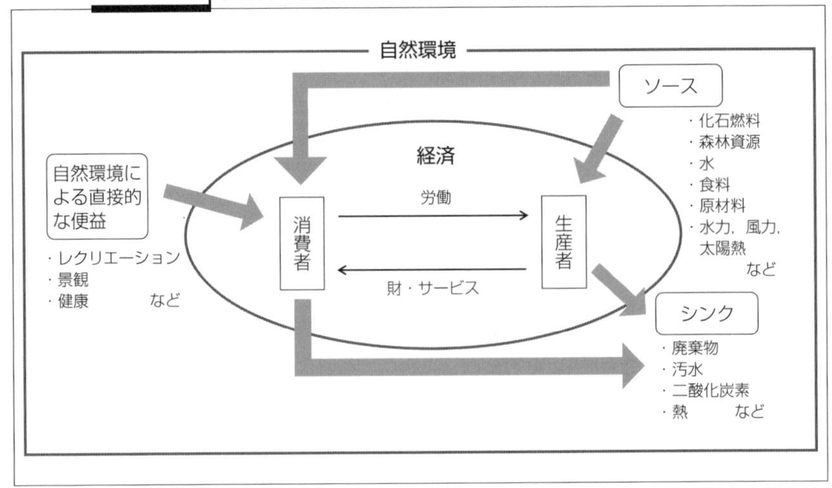

経済と環境の相互作用

このように，**自然環境システム**と，ソース・シンクの両面で密接に関わっているという認識に立って経済システムを捉え，経済と環境の相互作用を明確に把握しようとすることが環境経済学の基本的な立場です。

経済の規模が十分に小さく，また資源採取技術が低いときには，経済活動が環境に与える負荷は限定的で小さなものです。経済活動によるソースとしての地球環境の採取量は，自然資源の再生速度を超えることはないでしょう。鉱石や石油のように，再生することはない資源も，使用量が十分小さければ，超長期的に使用していくことができます。

また，経済活動から廃棄されるものも，多くは環境によって浄化される範囲内にあるでしょう。つまり，廃棄量は，それが少量であるならば，シンクとしての環境の再生範囲にあります。しかし，今日の経済活動は，そうではありません。環境問題は，ソースとしての自然環境の利用量とシンクとしての利用量が，その再生能力を超え，自然環境に大きな負荷を与え始めたことで顕在化した問題と考えることができます。たとえば，地球温暖化問題は，温室効果ガスが，海洋や森林などに吸収される以上に排出され，シンクとしての大気中に蓄積していったことと捉えることができます。

さらに，自然環境は，それ自体が人間の福利（幸福）に直接影響を与えます。たとえば，空気や水の質は人々の健康に影響するでしょう。また，自然景観を楽しんだり，レクリエーションに自然環境を利用したりすることができます。これらが，自然環境による直接的な便益です。

図1.1は，経済が自然環境に包含され，直接的な便益を受けながらソースとシンクとして自然環境を利用しているイメージを描いたものです。

本書の第2章以降で取り上げる環境問題は，すべてソースかシンクのいずれか，または両方の問題として捉えられます。本書で取り上げていない環境問題も，こうした視点から捉えることができます。

3 経済と自然環境の分離（デカップリング）

豊かな自然環境と高い経済水準が両立することは実現可能なのでしょうか。もう一度，経済と環境システムの関わりを頭に描いてみてください。自然環境の劣化は，ソースとシンクとしての自然環境・資源の過剰な利用により起こります。しかし，利用1単位あたりの経済活動が大きくなれば，環境利用を再生可能な範囲にしながら経済の規模を拡大することが可能です。たとえば，冷暖房の省エネ技術が進めば，少ない電力で同じ効果を上げることができ，ソースとしての石油の，また，二酸化炭素のシンクとしての自然環境の利用を減らすことができます。ごみのリサイクル技術が進めば，ごみのシンクとしての自然利用を減らし，さらには原材料の採取も減らしてくれます。

このように，同じ経済活動であっても，技術の発展でソースとシンクとしての自然利用を減らすことができます。自然利用を究極まで小さくすることを，**経済と自然環境の分離**（デカップリング）といいます。デカップリングは，自然環境を高い水準で維持しながら経済成長を実現するためのカギとなる概念です。デカップリングのための技術が向上すれば，経済活動が大きくなっても，自然環境の利用を逆に小さくすることもできるかもしれません。

デカップリングに向けた経済システムの変化は，環境利用が効率的なものとなったり，環境保全技術が進歩したりすることで実現されます。環境経済学は，

Column ❶-1 エコロジカル・フットプリント

人間の生活は地球に支えられています。**エコロジカル・フットプリント**（EF）は，こうした生活を支えるためには，どれだけの地球上の面積が必要とされるかを表すことで，資源の過剰利用の状況を示すものです。人間の生活には，まず，食料や生産物の原材料を調達し，道路など都市インフラを作るための空間を提供してもらうことが必要です。また，ごみや二酸化炭素など，経済活動から排出される廃物を適切に吸収してくれることも必要です。すなわち，図 1.1 で示したようにソースとシンクとして自然を利用することが不可欠です。

こうした必要な自然は，人口が増えるほど，また消費水準が高いほど，大きくなると考えられます。EF は，こうした観点から，以下の 6 つのフットプリントを定めています。

①放牧地フットプリント：肉，乳製品，皮革，羊毛製品を提供する家畜を育てるための放牧地の需要。

②林産物フットプリント：燃料，パルプ，木材製品を提供するための森林の需要。

③漁場フットプリント：収穫された海産物を補充し，養殖をサポートするために必要な海洋および内陸水生態系の需要。

④耕地フットプリント：食料と繊維，家畜の飼料，油料作物，ゴムの生産のための土地需要。

⑤市街地フットプリント：道路，住宅，産業構造物などのインフラが占める領域の需要。

⑥カーボン・フットプリント：海洋に吸収されない二酸化炭素を隔離するために必要な森林面積の需要。

他国からの輸入をプラスし，輸出をマイナスすることで国ごとの 1 人あたりの EF を導出します。最も高い地域が北米で，1 人あたり 7 ha を超えます。全世界の人々がアメリカ人と同じ水準の生活をするならば，地球は 5.3 個必要だといわれています。日本は，3.5〜5.25 ha の範疇（はんちゅう）にあります。1961〜2014 年の間に，地球の EF は 190％ 増加，すなわち 2.9 倍になったと報告されています。

（参考文献） WWF（2018）Living Planet Report - 2018: Aiming Higher. Grooten, M. and Almond, R. E. A. eds., WWF, Gland, Switzerland.

デカップリングを実現する数多くの仕組みを工夫・提唱し，実際の社会に役立ててきました。

こうした仕組みに共通するものは，環境保全を行いやすいメカニズムが組み込まれていることです。環境への貢献は，一般には，労力がかかったり，お金がかかったりすることが多いものです。冷房の温度を上げたり，ごみの分別を徹底するなど，苦労して環境保全への貢献を行うことをしなければ，もっと多くの楽しみやお金が得られるかもしれません。環境に貢献することで失う利益が出てくるのです。

一方，環境保全に貢献することで得られるものは，これまであまりありませんでした。しかし，今日では，環境への貢献によって，さまざまな利益が生まれるようになってきました。企業や農家などの生産者が，環境に貢献して生産した（環境の利用や負荷を減らした）生産物の一部には，十分に高い価格で販売することが可能になったものもあります（詳しくは，第10章第3節を参照）。

4 自然環境の劣化はなぜ問題なのか？

人間社会に与える間接的な影響と直接的な影響

適切な範囲を超えて自然環境を使用してしまうと，自然環境は劣化していきます。この劣化は，いくつかの経路で人間社会に影響を与えます。

私たちの幸福（経済学では福利や効用ともいいます）は経済システムの中で生産される財・サービスによってのみ決定されるわけではありません。さまざまな面で環境が関わっています。自然環境の劣化が問題となる理由は，それが私たちの福利に甚大な被害を与えるからです。

自然資源の減少が人間の福利に与える影響についての懸念は，古くから投げかけられていました。たとえば，化石燃料や鉱物資源の枯渇により生産が減退し，経済成長にはやがて限界が訪れるだろうとする悲観的な見方もありました。マグロやウナギのように，数が減ってしまった生物が多くなれば，私たちの消費生活に悪影響が及ぼされます。森林が減れば，木材が不足するでしょう。これらは，経済のソースをめぐる懸念です。ソースが枯渇すれば，経済活動は縮小を強いられます。

また，今日では，より多様で直接的な観点から，自然環境の劣化の影響が懸念されています。たとえば，シンクとしての環境を過剰利用した結果起こる大気汚染や水質汚染，そして土壌汚染は，大きな健康被害をもたらす「公害」として社会問題になりました。地球温暖化により，海面上昇のために水没する陸地も出てくるでしょう。マラリアの発生地域も拡大し，日本の一部でもその影響が及ぶようになるでしょう。自然災害も頻発するようになることが予測されています。

一方，ソースとして過剰に利用されることで自然資源が減少すれば，その提供するサービスの量や質が低下してしまうでしょう。その１つとして「森林減少」の影響を考えてみましょう。森林は，私たちに木材や食料としてキノコや野生動物を提供しますが，減少の影響はこうした財の供給を減らすだけにとどまりません。森林は，多くの機能を持っています。たとえば，雨水を吸収し時間をかけて放出する，水の安定供給システムとしての機能を持っています。このような機能が失われてしまえば，洪水と渇水が頻発するようになるでしょう。

不確実な環境悪化の影響

環境悪化の影響には，その規模と範囲が予測できないものもあります。たとえば，生物種や森林の減少を取り上げてみましょう。さまざまな生物種は，お互いの連鎖の中で生存しています。ある生物種が絶滅したり生態系が消滅したりすれば，その連鎖を通して他の生物種や生態系の存在可能性に影響を与えることになります。**キーストーン種**と呼ばれる，多くの種に影響力を持つ種が絶滅すると，環境が激変し，存続が困難になる他の生物種も現れます。しかし，このような連鎖がどのようなものか，また何がキーストーン種か，まだわからないことも多いのです。

さらに，アマゾンのような広大な熱帯雨林は，地球規模で気候に重要な役割を果たしています。ただ，熱帯雨林がなくなることで，いつ，どのような影響が，どれくらいの規模で発生するか，具体的にはよくわかっていません。もしかしたら，何か重大なことが起こるのかもしれません。しかし，破局が目に見え始めてから対処することはもはや不可能です。このように，環境被害の中には対症療法が効果を持たないものも多く，科学的知見が不完全であっても，前もって被害の可能性をできるだけ小さくしなければならないものもあるのです。

環境被害の一部は，回避することも可能です。たとえば水質の悪化は，浄水器やミネラル・ウォーターを購入することで緩和されます。しかし，このような回避行動は貧しい人々には不可能です。環境被害の影響は，途上国ではとくに大きなものとなります。人口増大が激しく，貧しい人々が多く生活する地域では，環境悪化の影響が直接人々に降りかかるでしょう。

5 環境経済学の視点と分析方法

こうしたさまざまな環境問題を解決するうえで，環境経済学にはいくつかの基本的な視点と分析方法があります。

環境への視点――公共財

私たちの福利にとって決定的な役割を果たす自然環境の悪化を，抑制し改善するのは，なぜ容易ではないのでしょうか。このことを説明する1つのポイントは，自然環境のもたらす財・サービスの性質にあります（**表 1.1**）。

環境問題で扱う対象の中には，**公共財**の性質を持つものも少なくありません。次の2つの性質を満たすものを**純粋公共財**といいます。

①**非競合性**：新たに消費（利用）をしようとする人が増えたとき，財の供給

CHART 表 1.1 財・サービスの分類

	排除性がない	排除性がある
競合性がない	純粋公共財	クラブ財
競合性がある	コモンプール財	私的財

量が不変であっても他の誰かの消費（利用）を減らす必要がないこと。

②**非排除性**：消費（利用）しようとする人を排除するのが不可能であるか，著しく費用がかかること。

一方，**私的財**とは競合性・排除性がある財のことをいいます。消費者が購入する財のほとんどは私的財です。

森林やサンゴ礁などの生態系が提供してくれるサービスは，純粋公共財の性質を持つものが少なくありません。たとえば，森林が降雨をため込んで洪水を防いでくれるサービスや，サンゴ礁が高波を緩和してくれるサービスを，新たに１人が消費しようとしても，誰かの消費を減らすことはないでしょう。また，このサービスを特定の人だけに受けさせないようにすることは不可能です。

このように，これらのサービスは純粋公共財の性質を持ちます。自然のサービスという無形のものは，公共財として捉えられるものが多いのです。また，このように継続的に財・サービスを供給するものを経済学では「資本」といいます。その意味で，生物・無生物を問わず，有形・無形の財を提供してくれる自然環境を**自然資本**と呼ぶこともあります。

放牧のために草地を利用する場合も，大気や海のように廃ガスや廃物の捨て場として環境を利用する場合も，利用者が供給量に比して十分に少ないなら，草地や大気や海は公共財の性質を持つでしょう。しかし，利用者が多くなり過剰な利用が行われるようになると，１人ひとりの利用に影響が出てきて非競合性が満たされなくなり，その結果，自然資本自体が質や量で劣化を始めます。

なお，非排除性を満たすものの非競合性が満たされなくなった財は，**コモンプール財**と呼ばれることがあります。たとえば，漁場や地下水などがこれにあたります。一方，非競合性を満たすが，消費者を選別することが可能な財，すなわち非排除性が満たされない財を**クラブ財**と呼びます。たとえば，映画館の映画やプライベートビーチなどがこれにあたります。

純粋公共財としてみなすことができるほど環境が豊かであるとき，環境を保護しようという動きはなかなか起こりません。なぜなら，誰からも妨げられずに誰しもが消費できる財・サービスは稀少性がきわめて低く，市場で取引されたとしても，その価格はゼロまたはきわめて低いものになるからです。稀少性が低いうちは，自然資本が損なわれないようにするための対策をとってほしいという声は大きくならないものです。

さらにもう1つの理由があります。非排除性の性質を持つサービスでは，そもそも市場が自然発生しにくいのです。市場では，売り手と買い手の取引が起こりますが，非排除性を持つ自然のサービスは，お金を支払わなくても享受できるものが多いからです。そのため，供給量や質が低下して，市場が存在すれば稀少性が高まり価格が高くなっているはずの財・サービスであっても，市場が成立しないため，そのシグナルが伝わりにくくなります。さらに，自然資本を再生しようと利用者全員が利用を控えて協力しようとしても，各自は，他の人全員が協力すれば自分だけが利用しても再生が実現できることから，他の人の努力に**ただ乗り**（フリーライド）するインセンティブが生まれてしまい，結果として協力が行われなくなってしまうのです。

このように，公共財の性質を持つ財・サービスを提供する自然資本は，その価値が容易に認識されず，されても十分な対策が迅速にとられることはまれなのです。

環境経済学は，持続的な環境保全的行動を求めるだけではなく，生産者や消費者が自発的に取り組もうとする仕組みづくりをするものです。こうした仕組みづくりでは，将来世代への配慮を行うことも重要となります。

将来世代を含めた視点――環境政策の必要性

今日の経済活動が原因である被害には，いま生きている人々には起きず，遠い将来に起こるものがあるかもしれません。たとえば，地球温暖化問題では，近年でこそ異常気象が頻発するなど被害が目に見える形で出てきているといわれていますが，懸念されている多くの被害は，遠い将来に起こるものと考えられています。

また，核燃料廃棄物は，不適切な処理があれば，数万年にも及ぶ，きわめて長期間被害を与え続けると考えられています。石油や鉱石のような再生しない資源を過度に使いすぎると，代わりになる技術や資源を開発しないうちに枯渇してしまって，将来の人々が利用できなくなるでしょう。

このように，自然環境が劣化してしまうことの被害は，私たち今の世代だけに限定せず，将来の世代まで含めて考慮しなければなりません。この将来世代を含めた視点が，環境経済学や環境政策の特徴です。地球温暖化政策では，その対策の効果は遠い将来に現れると考えられます。そのため，将来の温暖化被害を減らすために，温室効果ガスの削減などの対策を，世界各国は曲がりなりにも共同して行っているのです。

分析の枠組み――便益と費用および社会的純便益

環境経済学の分析での基本的な視点は**便益**と**費用**です。環境改善の効果も，基本的に便益と費用の概念をもとに分析を行います。この視点を学ぶために，ある財を生産・消費するという状況で便益と費用を考えてみましょう。

ある財を消費することの便益とは，人々の得る福利を表す概念です。**効用**ともいいます。経済活動により生産された財を消費することで，社会には便益が生まれます。一方で，社会には，生産を行うことで費用が発生します。この便益と費用の差のことを**社会的純便益**（あるいは**社会的余剰**）といいます。環境政策の効果は，便益だけでも，また費用だけでもなく，この社会的純便益に言及することで評価することが多いのです。このことを詳しく見ていきましょう。

アップル氏はリンゴが大好きです。リンゴなしですますぐらいなら，リンゴ1個に1000円支払ってもいいと考えているとしましょう。これを経済学では，最初の1個のリンゴに対する**支払意思額**（Willingness to Pay，略して**WTP**）が1000円であるといいます。このとき，アップル氏は，1個目のリンゴから得られる効用が1000円に値すると評価しているとみなされます。

しかし，アップル氏のリンゴ1個に対するWTPはいつも1000円でしょうか。1個目のリンゴに対するWTPが1000円であるのは，1個目のリンゴから1000円分の効用が得られるからです。もし，2個目のリンゴからは1個目ほどの満足は得られず，得られる効用が800円であれば，2個目のリンゴに対するWTPは800円になります。同様に，3個目のリンゴから得られる効用は600円と2個目のリンゴからの効用ほどにはならず，また，4個目のリンゴからは400円と3個目のリンゴからの効用ほどにはならないのであれば，追加的な1単位の消費から得られるWTPはしだいに小さくなります。

追加的な1単位の消費から得られる効用のことを**限界効用**と呼びます。経済学では，限界効用は減少（逓減（ていげん））すると考えます。この限界効用を並べたもの

CHART 図 1.2 リンゴの限界効用曲線（需要曲線）と消費者余剰

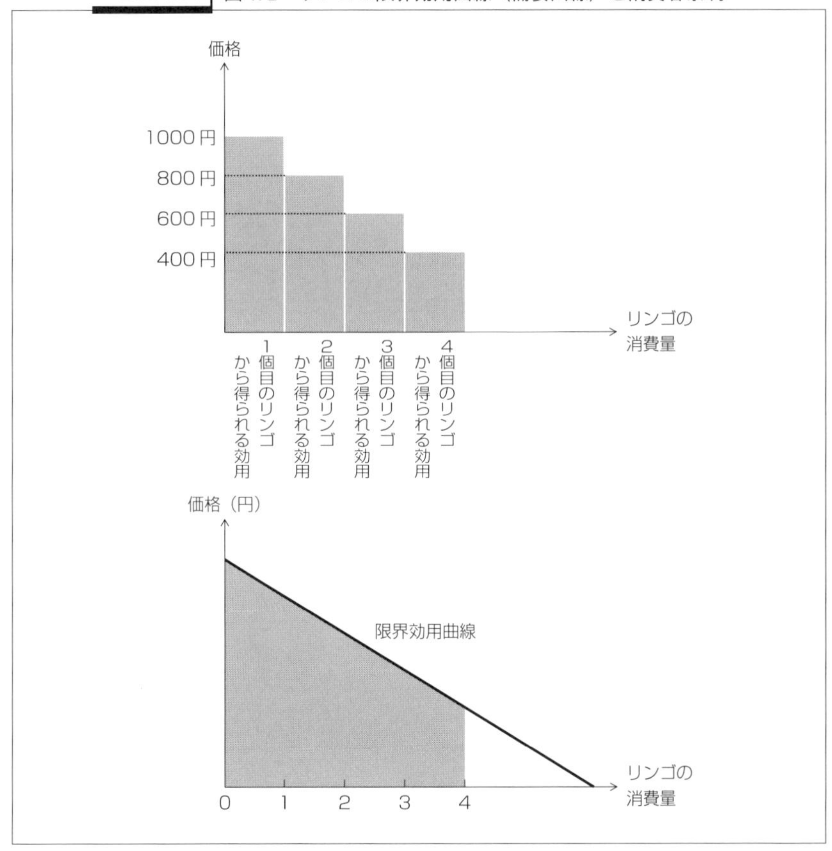

が図 1.2 です。また，それを連続的に表したものが下の図です。4 個のリンゴを消費するときの総効用は限界効用を 4 個目のリンゴまで足し合わせた 2800 円となります。この総効用 2800 円が，リンゴを 4 個消費することの社会にとっての便益を表しています。図では，便益の大きさは，0 から 4 までの限界効用曲線の下の面積になります。

ところで，リンゴは空から降ってくるわけではなく，生産しなければ消費者が手にすることはできません。農家がリンゴを生産するためには，土地と人手（労働），水や肥料が必要でしょう。これらを経済学では**生産要素**といいます。多くのリンゴを生産しようとするほど，より多くの生産要素が必要となり，し

図1.3　リンゴの限界費用曲線（供給曲線）と生産者余剰

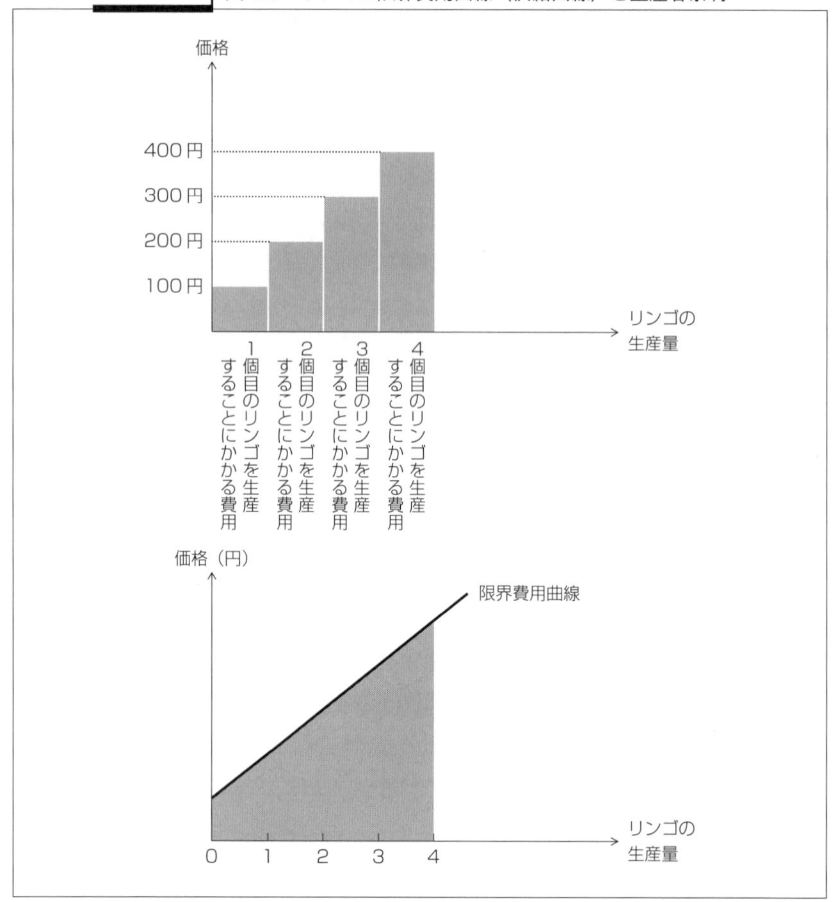

たがって費用が増えていきます。財の生産を1単位増やすために必要な（追加的な）費用のことを**限界費用**といいます。経済学では，生産量が増加するに従って限界費用も増加すると考えます。

リンゴを生産するある農家を例に考えてみましょう。リンゴを生産するためには，土地が必要です。最初の1個を生産するためには，使用可能な土地の中で最もリンゴの生産に適した土地を使用するとします。しかし，2個目を生産するためには，1個目の生産に使用した土地ほどはリンゴの生産に適していない土地を使用しなければならないとします。その土地で2個目を生産するため

CHART 図 1.4 社会的最適な生産量・消費量

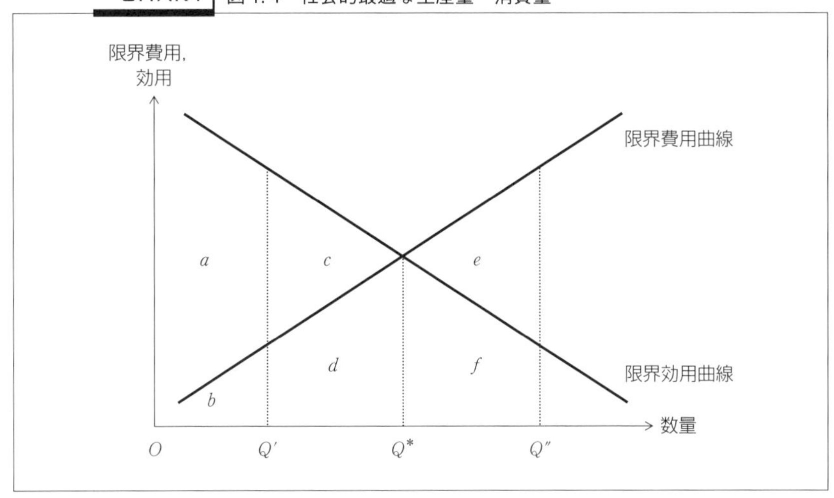

には，1個目を生産するときよりも人手がかかったり，肥料などを散布しなければならなかったりするとしましょう。3個目を生産するためには，さらにリンゴの生産に適さない土地を使用する必要があるため，さらに多くの人手や肥料が必要になるとします。このように考えると，リンゴの生産量が増えるに従って，リンゴを供給することの限界費用は増えていくと考えられるでしょう。

図 1.3 は限界費用曲線で，上は1個ずつ表したもの，下は連続的に表したものです。いま，1個目のリンゴを供給するための限界費用は100円ですが，2個目のリンゴは200円，3個目のリンゴは300円と生産量が増えるにつれ，限界費用が100円ずつ上昇していくものとします。したがって，リンゴを4個生産するときの総費用は，限界費用を4個目まで足し合わせたものである，1000円となります。この大きさは，生産量が0から4までの限界費用曲線の下の面積に等しくなります。

財を生産・消費することによる社会にとっての利益は，消費によって社会に生じる総効用から生産することで社会が負う総費用を引いたもので計算されます。これが社会的純便益（社会的余剰）です。上の例で，リンゴを4個生産・消費することの社会的純便益は，1800円（＝2800－1000）と計算できます。また，図では**図 1.2** の0から4までの限界効用曲線の下の面積から**図 1.3** の限界費用曲線の下の面積を引いた面積で示されます。

一般的な状況を表した**図 1.4** を用いて説明しましょう。限界効用が限界費用よりも高い生産量 Q' では，社会的純便益は a で，生産量を増やすことで社会的純便益は増加します。反対に，限界効用が限界費用よりも低い生産量 Q'' では，社会的純便益は $a+c-e$ で，生産量を減らすことで社会的純便益は増加することがわかります。社会的純便益が最大となる生産量・消費量は，限界効用と限界費用が一致する点 Q^* で，その大きさは $a+c$ です。社会的純便益が最大化された状態を**社会的最適**といいます。ただし，社会的最適とは，倫理的に望ましい意味ではなく，資源の配分が最も効率的に行われているという意味で使われます。

市場経済と需要・供給曲線

私たちの経済では，財は市場で価格に基づき取引されます。さて，リンゴ 1 個の価格が 400 円であるとしましょう。このとき，アップル氏は，1 個目のリンゴを購入して消費するでしょう。なぜなら，この価格は 1 個目のリンゴに対する WTP である 1000 円よりも低いため，購入すると得をするからです。1000 円に値すると思っていた 1 個目のリンゴを 400 円で買うことができたため，アップル氏は，実際に支払う価格以上の効用を得ていることになります。実際の効用と支払う価格の差のことを**消費者余剰**といいます。アップル氏は，1 個目のリンゴから 600 円分の消費者余剰を得ています。

限界効用が価格を上回っているかぎりは，消費を増やすことで消費者余剰が増えるため，効用を最大化したい個人（合理的な消費者）は，限界効用と価格が等しくなるところまで消費します。ここでの例では，アップル氏はリンゴを 4 個消費することになります。換言すると，ある価格に対して，限界効用と価格が等しくなるところまでリンゴを需要します。このように，価格ごとに需要量を決め，それを結んだグラフを**需要曲線**といいます。需要曲線は限界効用曲線と一致します。

一方，農家は，100 円で生産できる 1 個目のリンゴは 400 円で売ることができるため，実際にかかる費用以上の収入を得ることができます。売上から生産に関わる費用を引いた部分（ここでは利潤）は，生産者が得をした部分であり，**生産者余剰**と呼ばれます。この農家は，1 個目のリンゴから 300 円分の生産者

CHART 図 1.5 完全競争市場

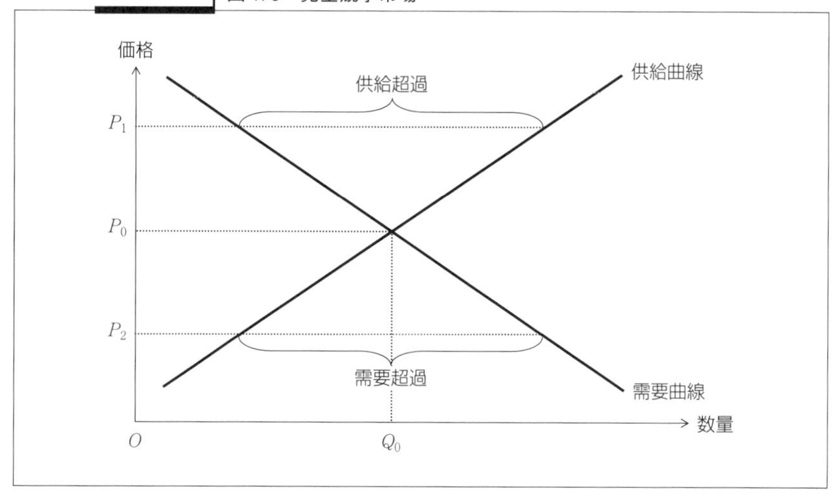

余剰を得ていることになります。農家は，価格が限界費用より大きいかぎり，生産すると利潤が増えますので，価格が限界費用に等しくなるまで生産量を増やそうとするでしょう。農家が決定する生産量（供給量）は，ある価格に対して限界費用が一致する生産量になります。このように，価格ごとに供給量を決め，それを結んだグラフを**供給曲線**といいます。供給曲線は限界費用曲線と一致します。

市場均衡

多数の生産者と消費者が，財価格を所与として財の生産と購入の決定を行っている市場を**完全競争市場**といいます。図 1.5 は，完全競争市場を表しています。価格が P_1 のとき，需要量よりも供給量の方が多くなっています。これは，**供給超過**の状態です。需要量よりも供給量の方が多ければ，売れ残り（在庫）を抱えてしまうことになるので，生産者は価格を下げてでも財を売りたいと考えるでしょう。その結果，価格は低下します。

一方，価格が P_2 のときには，需要量よりも供給量の方が少なくなっています。これは，**需要超過**の状態です。需要量よりも供給量の方が少なければ，品不足が発生することになるので，より高い価格であっても購入したいと考える消費者がいるでしょう。その結果，価格は上昇します。

このように，価格が上がったり，下がったりする結果，供給量と需要量が等しくなる価格に到達します。**図1.5**では，価格がP_0のとき，需要量と供給量はともにQ_0となり，需要と供給が一致します。需要量と供給量が等しくなる状態を**市場均衡**といい，市場均衡のときの価格P_0を**均衡価格**，数量Q_0を**均衡取引量**と呼びます。市場均衡においては，需要曲線と供給曲線がP_0の高さで交差します。このとき，**価格＝限界費用＝限界効用**が成立しています。

この性質は，市場経済のメカニズムを評価する視点として重要な点です。すなわち，完全競争市場は社会的純便益を最大化するよう効率的に生産と消費の配分を行います。この性質は，**厚生経済学の第一定理**として知られるものです。

このように基本的視点である社会的純便益をめぐる性質について学びましたが，お気づきのように環境の側面は含まれていません。次章からは，環境の側面を，便益と費用に含めて考察を行っていきます。

Column ❶-2　環境評価とは何か？

環境は，私たちにさまざまな便益を与えてくれています。サンゴ礁を例にそれらの価値について考えてみましょう（図1）。

図1　サンゴ礁の価値

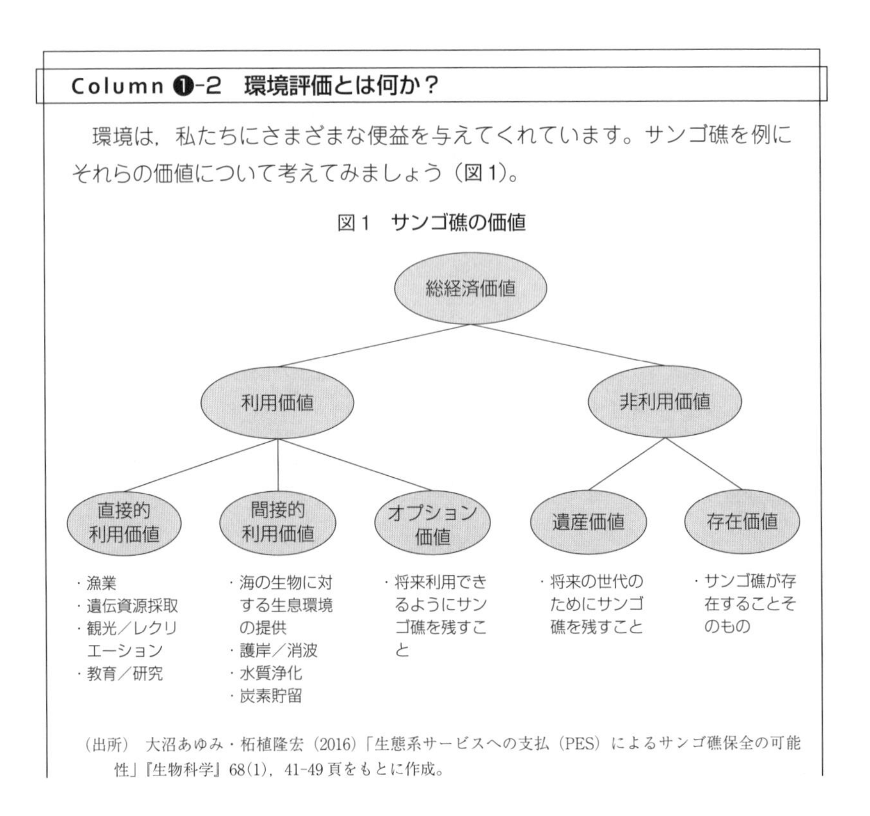

（出所）　大沼あゆみ・柘植隆宏（2016）「生態系サービスへの支払（PES）によるサンゴ礁保全の可能性」『生物科学』68(1)，41-49頁をもとに作成。

私たちは，サンゴ礁を漁業やダイビングの場として直接的に利用しています。このように，環境を直接的に利用することで得られる価値を**直接的利用価値**といいます。また，サンゴ礁が波の力を弱めてくれることで，高潮や浸食の被害が軽減されています。このように，環境が存在することで間接的に得られる価値を**間接的利用価値**といいます。さらに，将来利用できるようにサンゴ礁を保全しておきたいと考える人がいるかもしれません。環境を将来利用できるように維持することで得られる価値を**オプション価値**といいます。これらはサンゴ礁を利用することで得られる価値であるため**利用価値**に分類されます。

一方，貴重なサンゴ礁を子や孫の世代に残したいと考える人や，サンゴ礁が存在すること自体に意味があると考える人は，サンゴ礁を次世代に残すことや，サンゴ礁が存在すること自体からそれぞれ満足を得るでしょう。環境を将来世代に継承することから得られる価値を**遺産価値**，貴重な環境が存在するという事実から得られる価値を**存在価値**といいます。これらは，利用しなくても得られる価値であるため**非利用価値**に分類されます。

環境の重要性を正しく理解し，適切に保全していくためには，誰にとってもわかりやすく，保全に要する費用とも比較できる貨幣単位でこれらの価値を評価することが有益です。このように環境の価値を経済的に評価することを**環境評価**といいます。では，どうすればこれらの価値を貨幣単位で評価することができるのでしょうか。

表1　代表的な環境評価の手法

顕示選好法
・ヘドニック価格法（→第3章 Column ❸-1） 例：サンゴ礁の有無と住宅価格の関係から，サンゴ礁がもたらす防災効果やレクリエーション機会の価値を評価。
・トラベルコスト法（→第9章 Column ❾-1） 例：サンゴ礁周辺でのダイビングを楽しむために人々が投じる費用（交通費，装備代，時間の費用など）に基づいてその価値を評価。
表明選好法
・仮想評価法（CVM）（→第9章 Column ❾-2） 例：環境悪化を回避し，現状のサンゴ礁を維持するための対策の実施にいくら支払ってもいいと思うかを尋ねることで，現状のサンゴ礁の価値を評価。
・コンジョイント分析（→第10章 Column ❿-3） 例：対策の代替案に対する選好に基づいて，漁獲量の増加，レクリエーション機会の増加，生息する生物の増加などの各種対策効果の限界的な価値を個別に評価。

（出所） 大沼・柘植（2016）をもとに作成。

経済学では，支払意思額（WTP）で財やサービスの価値を評価します。環境についても，WTP でその価値を評価することができます。環境経済学の分野では，環境に対する WTP を計測するための手法が開発されてきました（**表 1**）。それらの手法は，人々の行動に基づいて分析を行う**顕示選好法**と，人々の意見に基づいて分析を行う**表明選好法**に大別されます。前者の代表的な手法にはヘドニック価格法とトラベルコスト法があり，後者の代表的な手法には仮想評価法（CVM）とコンジョイント分析があります。次章以降のコラムで，これらの手法の概要と評価事例を紹介していきます。

SUMMARY ●まとめ

- □ 1 環境は経済活動のソースとシンクとして，経済と密接に結びついています。適切な範囲の経済活動であれば環境を維持することができます。結びつきが強いほど，過度の経済活動は環境を劣化させます。
- □ 2 経済と環境の結びつきを弱めることをデカップリングといいます。デカップリングは環境保全と経済成長を両立させる重要なポイントです。
- □ 3 環境が劣化すると，さまざまな形で人間の福利は低下します。そのため環境を劣化させない経済活動が求められます。このとき，環境を公共財として見ることは有益です。また，将来世代に配慮することが必要です。
- □ 4 便益（効用）と費用は経済と環境の状態を評価するうえで有用な概念です。完全競争市場は，効用と費用の差である社会的余剰（社会的純便益）を最大化するよう効率的に生産と消費の配分を行います。
- □ 5 完全競争市場の均衡点では限界効用と限界費用が一致し，外部性が存在しないならば社会的最適が実現されます。

EXERCISE ● 練習問題

1-1 以下の文章の空欄に四角の中から言葉を選んで文章を完成させなさい。

ある消費者の消費が，他の消費者の消費を妨げない性質を（ 1 ）といい，その財の消費を，特定の消費者に限定できない性質を（ 2 ）という。この2つの性質に基づいて財を分類すると，（ 1 ）も（ 2 ）も持たない（ 3 ），（ 1 ）と（ 2 ）を兼ね備えた（ 4 ），（ 1 ）が大きく

（　2　）が小さい（　5　），（　1　）が小さく（　2　）が大きい（　6　）に分けられる。（　4　）の例としては（　7　）が，（　5　）の例としては（　8　）が，（　6　）の例としては（　9　）が，それぞれあげられる。

①私的財　②純粋公共財　③おにぎり　④国防　⑤非排除性　⑥非競合性
⑦コモンプール財　⑧クラブ財　⑨漁場　⑩ケーブルテレビ

1-2 図 1.1 をもとに次の環境問題を説明しなさい。

・地球温暖化　・マイクロプラスチック汚染　・種の絶滅

1-3 ある財の需要曲線は $D=100-P$，供給曲線は $S=3P$ である。ただし，D は需要量，S は供給量，P は価格を表す。

(1) 需要曲線と供給曲線を 1 つの図に描きなさい。

(2) 均衡価格と均衡取引量はそれぞれいくらになるか。計算するとともに，図にも示しなさい。

(3) 均衡における消費者余剰はいくらになるか。計算するとともに，どこが消費者余剰にあたるか，図に示しなさい。

(4) 均衡における生産者余剰はいくらになるか。計算するとともに，どこが生産者余剰にあたるか，図に示しなさい。

(5) 均衡における社会的余剰はいくらになるか。計算するとともに，どこが社会的余剰にあたるか，図に示しなさい。

CHAPTER

第2章

外部性と市場の失敗

イギリス・ウェールズの田園地帯の風景（© Eirian Evans）。景観保護のために農業への補助金が支給されている（詳しくは Column ❷-2 を参照）

INTRODUCTION

本章では，市場経済において環境問題が発生するメカニズムとそれへの対策について学びます。ある経済主体の経済活動が，市場を通さずに他の経済主体の経済活動に与える効果を外部性といい，それが受け手にとって望ましくないものである場合は外部不経済といいます。外部不経済が第三者にもたらす費用である「外部費用」は，生産者の生産量決定において考慮されないため，環境問題を発生させる財の生産は，市場に任せておくと過剰になります。そのため，社会的余剰は最大となりません。社会的に望ましい生産量を達成するためには，外部費用が生産者の生産（供給）量の決定に反映されるようにする必要があります。外部性を市場での決定に含まれるようにすることを外部性の内部化といい，本章では，この手法として，ピグー税と補助金について学びます。

1 外部効果とは何か？

前章では，市場の優れた機能を学びました。すなわち，市場が社会的最適を実現するというものです。しかし，そこでは環境問題は考慮されていませんでした。一方，現実の社会ではさまざまな環境問題が発生しています。本章では，市場経済において環境問題が発生するメカニズムを説明します。

「完全競争市場均衡＝社会的最適」という性質の前提には，生産者にとっての生産費用（私的費用）が，社会にとっての生産費用（社会的費用）と等しいという想定があります。私的費用は，生産者が生産活動に費やす費用であり，損益計算書に計上される費用です。しかし，社会にとっては，生産活動からは，損益計算書に現れない費用が発生することもあります。たとえば，ある生産活動から発生する汚染が，農作物や漁業に悪影響を与えるのはその一例です。これは社会にとってはその生産活動による費用と考えられるものです。しかし，生産者が実際にお金を支払う費用ではないため，損益計算書には現れません。本章では，この社会にとっての費用を詳しく学び，環境問題と関連づけます。

ある人の経済行動が直接・間接に他の経済主体に及ぼす影響を**外部効果**（あるいは**外部性**）といいます。外部効果には金銭的外部効果と技術的外部効果があります。**金銭的外部効果**は，市場を経由して他の経済主体に影響が及ぼされることです。たとえば，新しく鉄道を敷設することで沿線の不動産価格が上昇して住民の資産価値や固定資産税が増えて，効用に影響を及ぼすのは金銭的外部効果の一例です。一方，**技術的外部効果**は，市場を経由しないで，他の経済主体に影響が及ぼされることです。鉄道の敷設により電車が通るようになり，騒音に悩まされるようになった，というのは技術的外部効果です。

金銭的外部効果は，経済学的には稀少性の変化を反映したもので，本質的には，猛暑のためにアイスクリームの需要が増えた，ということと性質が同じです。需要が増えれば市場価格が上昇し，生産が増えて新しい均衡に移ります。ですから，経済学的に問題になるものではありません。一方，技術的外部効果はこれから説明するように環境問題で重要な概念です。たとえば環境汚染によって健康被害が出るというのは技術的外部効果です。経済学で外部効果あるいは外部性というときは技術的外部効果のことを指します。

また，及ぼす外部効果が好ましい場合，**正の外部効果**といい，好ましくない場合，**負の外部効果**といいます。正の外部効果を**外部経済**，負の外部効果を**外部不経済**と呼ぶ場合も多くあります。さらに負の外部効果の大きさを**外部費用**といいます。

外部費用は，生産者の意思決定においては考慮されません。経済学では，生産に伴う私的費用と外部費用を合計した総費用を，社会にとっての生産の真の費用と考えます。これを**社会的費用**と呼びます。

外部費用があるとき，社会的純便益はどのように表されるのでしょうか。基本的な考えは外部費用がないときと同じです。財を生産・消費することでの社会にとっての便益から費用を引いて表されます。しかし，外部費用があるときは，社会にとっての費用は，私的費用だけではなく外部費用も含まれることになることに注意しましょう。

 なぜ市場に任せると失敗するのか？

市場の失敗と限界外部費用

経済学では，市場がうまく機能しない，すなわち市場に任せていても効率的な資源配分が達成されない状況を**市場の失敗**といいます。市場の失敗にはさまざまな原因がありますが，その1つとして，外部効果（外部性）の存在があげられます。前章で説明した限界費用について，リンゴ農家の供給曲線を例として再び考えてみましょう。前章の説明のとおり，農家の限界費用を並べることで農家の供給曲線が得られますが，この供給曲線は，農家の生産費用のみを表したものであるため，**私的限界費用曲線**と呼ばれます。

ここで，農家の生産活動が，他の経済主体（生産者または消費者）に負の外部効果をもたらすとしましょう。一般には生産活動が拡大するほど負の外部効果（したがって外部費用）も大きくなります。ある財の生産を1単位増加させると

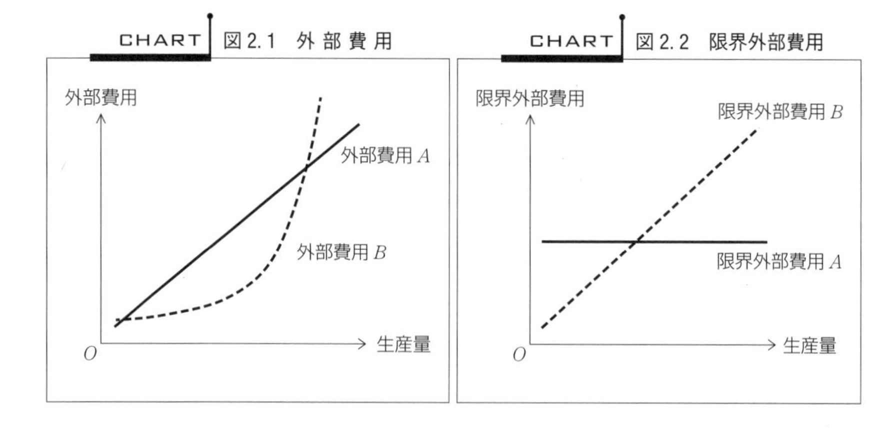

きに新たに発生する外部費用のことを**限界外部費用**といいます。外部費用の増え方が生産活動と比例的であるときは，限界外部費用は生産量が増えても一定です。一方，外部費用の増え方が，生産量が増えるとますます大きくなる場合は，限界外部費用は生産量とともに増大します。この例として，ある農家がリンゴを生産する農地から肥料（農薬）が川に流れ出し，水質汚濁が発生する状況を考えましょう。1 個目のリンゴを生産すると，生産に伴って川に流れ出る肥料により川の色が少しにごったとしましょう。同様に，2 個目を生産すると悪臭が発生し，3 個目を生産すると川の魚が死んでしまい，4 個目を生産すると体調不良になる人が出てくるとすると，被害の増え方が大きくなるでしょう。図 2.1，図 2.2 は両方のケースの外部費用と限界外部費用を表しています。

以下では，説明をわかりやすくするため限界外部費用は一定とします（したがって図 2.1 の外部費用 A，図 2.2 の限界外部費用 A を考えます）。

社会的限界費用は，私的限界費用と限界外部費用の合計で表されます。したがって，図 2.2 の限界外部費用曲線を，生産者 A の供給曲線に上乗せすると，生産者 A の生産に伴う社会全体での限界費用曲線が得られます。これを**社会的限界費用曲線**と呼びます。社会的限界費用曲線を描いたのが図 2.3 です。

社会的純便益が最大化される社会的に最適な生産量は，前章の説明と同様にして限界効用曲線と社会的限界費用曲線が等しくなる生産量 Q^* で決定されます。

CHART 図 2.3 社会的限界費用曲線

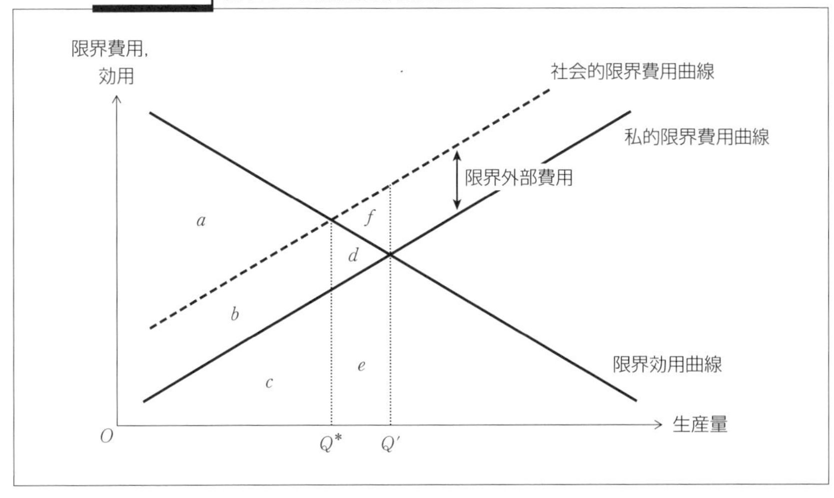

外部性のある市場

外部性のある市場を表している図 2.3 において，自由放任の状態（農家に対する規制が存在しない状態）で実現する生産量は需要曲線と供給曲線（私的限界費用曲線）が交差する Q' です。

一方，社会的に望ましい生産量は，限界効用曲線である需要曲線と社会的限界費用曲線が交差する Q^* です。Q' と Q^* の比較より，外部不経済が第三者にもたらしている費用（外部費用）は農家の生産量決定に反映されず，その結果，生産量は社会的に望ましい生産量と比較して過大になることがわかります。

このことを，余剰の観点から評価してみましょう。自由放任の状態で実現する生産量，すなわち，私的限界費用に基づく生産量は Q' です。このとき，環境問題が発生していなければ，社会的余剰（社会的純便益）は図 2.3 の $a+b+d$ の領域で定められます。これに対して，環境問題が発生している場合の社会的余剰は $a+b+d$ から $b+d+f$ を引いた $a-f$ で表されることになります。ここで，外部費用の大きさは，限界外部費用に生産量をかけた $b+d+f$ になることに注意しましょう。

環境問題が発生している場合には，生産量を減らすことで社会的余剰は増加します。社会的余剰を最大にする生産量は，限界効用と社会的限界費用が等し

くなる Q^* です。このときの社会的余剰は a となります。効用である $a+b+c$ から，私的費用 c と外部費用 b を引いて求められます。

以上のことから，生産の際に外部費用を発生させる財は，市場経済では過剰に生産され，社会的最適を実現しないことがわかります。次に，社会的最適を実現する方法を考えましょう。

3 社会的最適を実現する方法

外部性の内部化

ピグー税

前節で見たとおり，環境問題を発生させる財の生産は，市場に任せておくと過剰になります。これは，環境問題を発生させる財を生産する生産者の生産量決定において外部費用が考慮されないためでした。社会的に望ましい生産量を達成するためには，生産量を抑制することが必要ですが，そのためには外部費用が生産者の生産量決定に反映されるようにすることが効果的です。

このように，市場での意思決定に含まれていなかった外部性を，市場での意思決定に含まれるようにすることを**外部性の内部化**といいます。これは，技術的外部性という市場を経由しない影響を，経済に取り入れることを意味しています。

外部性を内部化するための方法として，アーサー・セシル・ピグー（1877-1959）は，財1単位あたり，限界外部費用に等しい税額を生産者に課す税を提案しました。ピグーが提案したこのような税を**ピグー税**といいます。ピグー税を課すと，生産者の私的限界費用曲線は税額分だけ上昇することになります。このことを図2.4を用いて説明しましょう。

最適な生産水準は，需要曲線（限界効用曲線）と社会的限界費用曲線（ピグー税導入後の供給曲線）が交差する生産量 Q^* です。図2.4では限界外部費用（社会的限界費用と私的限界費用の差）は t で表されています。すなわち，ピグー税のもとでは，財1単位あたり t だけの税が課されるため，供給曲線が t だけ上にシフトします。その結果，課税後の供給曲線と需要曲線の交点として，価格

CHART 図 2.4 ピグー税の導入 (1)——限界外部費用が一定の場合

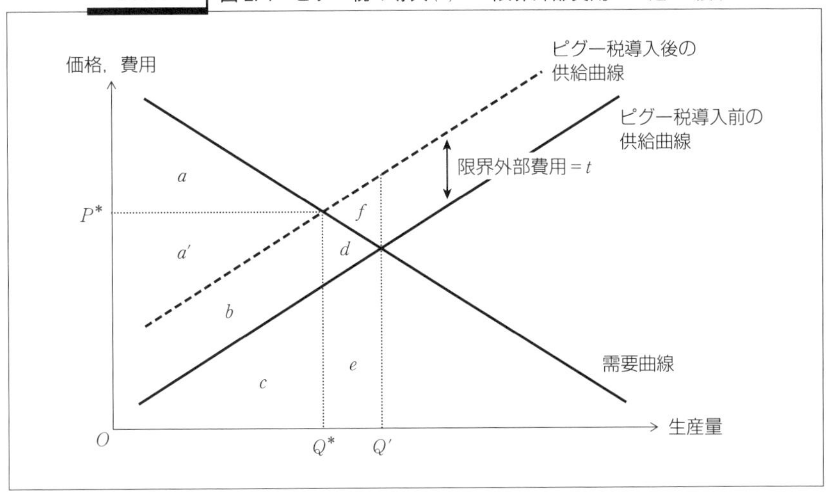

P^*，生産量 = 消費量 = Q^*が実現します。つまり価格が上昇し，生産量と消費量が抑制されます。

このとき，消費者余剰は a，生産者余剰は a' となります。また，財 1 単位の生産に t だけの税を課すため，$t \times Q^*$，すなわち b の税収が発生します。ここでは，政府はこの税収を使って社会の厚生を高めるような公共サービスを提供すると考え，税収はそのまま社会的余剰に加えます。一方，Q^*だけ生産することに伴う外部費用が b だけ発生します。外部費用は社会の厚生を低下させるので，余剰の計算から差し引きます。消費者余剰と生産者余剰の合計に税収を加え，そこから外部費用を差し引くことで，社会的余剰は $a+a'$ となり，社会的最適が実現されることになります。ピグー税を課すことで，社会的純便益が最大になる生産量が実現することがわかります。

図 2.5 では限界外部費用が生産量とともに増大するケースを考えます。ここでは，社会的最適点 Q^*における限界外部費用である t^*を税として課すことをピグー税として考えます。このとき，税収は $b+b'$ ですが，外部費用は b' となるため社会的余剰は，消費者余剰と生産者余剰の和である $a+a'$ に b が加えられ，$a+a'+b$ と最大化されることが確認されます。

ここで，ピグー税を課しても，外部費用がゼロになるわけではない点に注意が必要です。生産量を Q^*よりも減らすと，たしかに外部費用を低下させるこ

図 2.5　ピグー税の導入 (2)――限界外部費用が逓増する場合

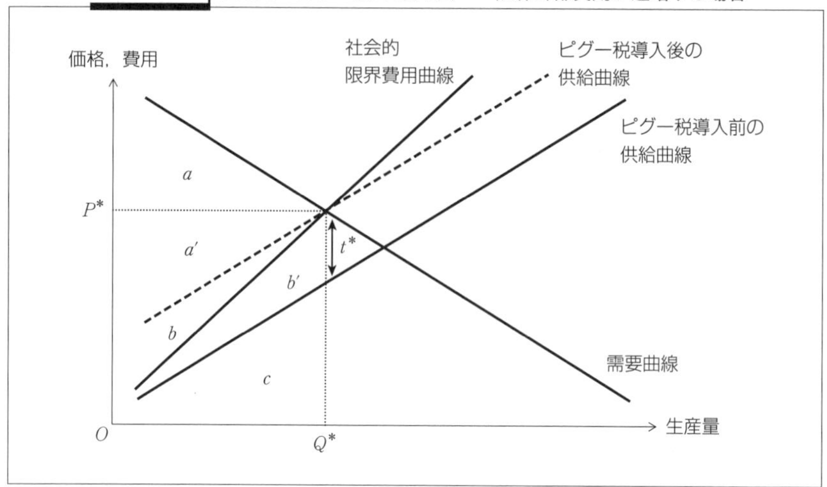

とはできますが，それを上回る生産の利益を失うことになります。したがって，外部費用は発生させながらも，Q^*まで生産することが合理的ということになります。

このように，ピグー税は，社会的に最適な生産量を導くことができる理論的には優れた政策ですが，実際に実施するのは困難です。それは，外部費用を貨幣単位で評価することは現段階では難しいからです。**Column ❷-1** で紹介するように健康への悪影響を貨幣単位で計測しようとする試みはありますが，一般的には理論どおりにピグー税を課すのは事実上不可能といえます。このため，これまでに実施されているいわゆる環境税や汚染排出課徴金は，厳密なピグー税ではありません。それらの税率は，たとえば汚染対策に必要な財源の規模などによって決まっています。

限界削減費用と補助金

汚染排出に対する課税ではなく，汚染削減に対する**補助金**によっても同様の結果を導くことができます。ここでは生産者だけに焦点を合わせて補助金の効果を説明します。まず，説明に必要な限界削減費用の概念をはじめに説明します。

限界削減費用とは，汚染を 1 単位削減するための費用のことですが，次のよ

Column ❷-1　外部費用の貨幣評価――確率的生命価値（VSL）

環境汚染の多くは人間の健康に影響を及ぼしますので，環境汚染がもたらす外部費用を貨幣単位で評価するためには，健康への影響を貨幣単位で評価することが必要になります。

環境汚染がもたらす健康への影響の評価には，**確率的生命価値**（Value of a Statistical Life：VSL）が用いられます。VSLとは，死亡リスクの微小な削減に対する支払意思額（WTP）を，死亡リスクの削減量で割ることで求められるものであり，死亡を1件減少させることの便益（あるいは死亡1件あたりの費用）の指標として用いられます。

$$\mathrm{VSL}=\frac{\text{微小な死亡リスク削減のための WTP}}{\text{死亡リスクの削減量}}$$

たとえば，死亡リスクが10万分の1だけ減少することに対するWTPが5000円であるとすると，VSLは5000円÷10万分の1=5億円となります。ただし，VSLは，あくまで死亡リスクの微小な削減に対するWTPに基づいて計算される，死亡を1件減少させることの便益の指標であり，生命の価値そのものではないことに注意が必要です。

VSLの計算の基礎となる，微小な死亡リスクの削減に対するWTPを推計する方法には，死亡リスクを増減させる財の消費行動などから死亡リスクの削減に対するWTPを推計する回避行動法，死亡リスクが大きい危険な仕事と死亡リスクが小さい安全な仕事の賃金の差から死亡リスクの削減に対するWTPを推計する**ヘドニック価格法**，アンケートにより微小な死亡リスクの削減に対するWTPを人々に直接尋ねる**仮想評価法**（Contingent Valuation Method：CVM），死亡リスクの削減を含む複数の属性から構成される選択肢に対する人々の評価に基づいて死亡リスクの削減に対する限界的なWTPを推計する**コンジョイント分析**などがあります。

日本では，内閣府が交通事故による死亡者1名あたりの人的損失額を算出する目的でVSLを計算しています。日本全国の20歳以上の2000人を対象として，自動車事故による死亡リスクをわずかに減少させることに対するWTPをCVMにより調査した結果，VSLは2億2600万円と推計されました。

（参考文献）岸本充生（2007）「確率的生命価値（VSL）とは何か――その考え方と公的利用」日本リスク研究学会誌，17(2)，29-38頁，内閣府（2007）「交通事故の被害・損失の経済的分析に関する調査研究報告書」。

CHART 図2.6 限界利潤曲線と限界削減費用曲線

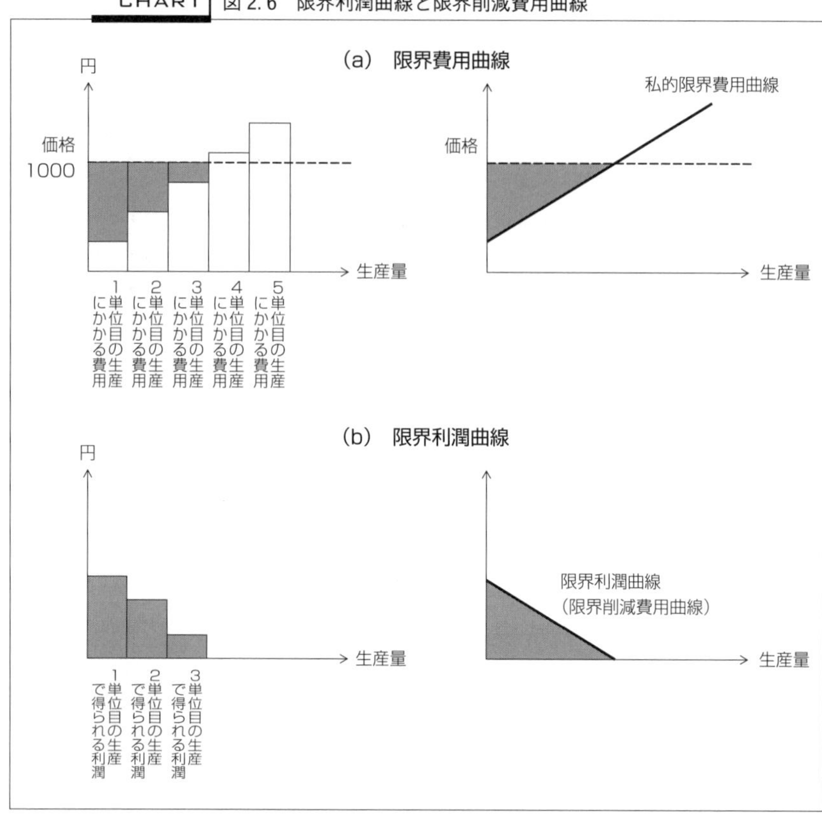

うに考えるとわかりやすいでしょう。ある生産者の供給曲線（限界費用曲線）が図2.6の（a）のように表されるとします。ここで，生産した財の価格が1000円の場合には，この生産者は財を3単位生産します。このとき，限界費用は逓増しますが，価格は一定ですので，生産1単位あたりの利潤である限界利潤は逓減します。これが図2.6の（b）の右下がりの曲線です。この曲線を**限界利潤曲線**と呼びます。

汚染が生産量に比例して発生する状況では，汚染を削減するためには，生産を減らす必要があります。しかし，生産を減らすと，生産をしていたら得られていた利潤が得られなくなります。これが汚染削減の費用にあたります。たとえば，利潤が最大になる当初の生産量から汚染削減のために1単位生産を削減すると，最後の1単位の生産により得られていた利潤が得られなくなります。

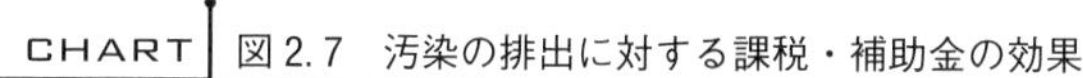
CHART 図 2.7 汚染の排出に対する課税・補助金の効果

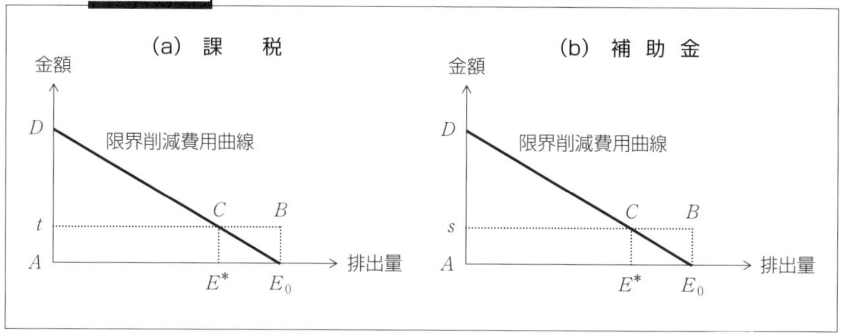

これが汚染を1単位削減することの費用です。汚染削減のためにさらに1単位生産を削減すると，最後から2単位目の生産により得られていた利潤が得られなくなります。これが汚染をもう1単位削減することの費用です。したがって，図2.6の限界利潤曲線は，汚染削減1単位あたりの費用を表す曲線でもあります。これを**限界削減費用曲線**と呼びます。

この限界削減費用曲線を使って補助金の効果を説明しましょう。図2.7は横軸に排出量をとって，生産者の限界削減費用を描いたものであり，(a) のグラフは1単位の汚染の排出に対して t の税を課した場合を表し，(b) のグラフは1単位の汚染の削減に対して s の補助金を与える場合を表します。

1単位の汚染の排出に対して t の税を課した場合，生産者は汚染を1単位排出することで t だけの税を支払う必要があり，一方，汚染の排出を1単位削減するためには限界削減費用だけの費用がかかります。いま，E_0 だけ汚染を排出しているとしましょう。合理的な生産者は1単位の汚染削減に伴い回避される税支払 t と1単位排出を削減することの限界削減費用を比較し，後者が前者よりも低いときに削減を選択します。したがって，生産者は税額 t と限界削減費用が一致する E^* まで排出を削減します。E_0 では生産・排出による利潤は AE_0D である一方，税支払は tBE_0A です。また，E^* では利潤は AE^*CD，税支払は tCE^*A です。E^* までの削減により CBE_0 だけ利潤が増えることがわかります。

一方，1単位の排出削減に対して s の補助金を与える場合，生産者は排出を1単位削減することで s だけの補助金を受け取ることができますが，汚染の排

Column ❷-2 景観を守る農業への補助金

イギリスのウェールズ地方では，1999年，ウェールズ語で土地管理を意味するTir Gofalというプログラムが導入されました。これは，近代農法の拡大で消失しつつある，伝統的な田園の景観を保護することを目的とし，政府が農家と契約を結ぶものです。農業と畜産が対象で，市民の観光や野生生物の保護に役立てるものです。

このプログラムに参加した農家にはさまざまな義務が課せられます。たとえば，伝統的な農地の境界の柵を保持すること，農地内にある古い建造物を保護すること，池や小川，湿地を保護し，その周囲に緩衝スペースを設けること，市民の立入を禁止しないこと，などです。イギリスでは，森や田園地帯のウォーキングが市民の代表的なレクリエーションの1つです。このプログラムによって，伝統的な景観をより楽しむウォーキングが可能になったことが推察できます。これは，伝統的農業の外部経済に対する受益者の支払と見ることもできます。

契約活動のレベルに応じて，面積あたりの毎年の支払がなされ，2008年までに，ウェールズ地方の農地の20%を超える面積が，Tir Gofalに参加しました。その62%は牛と羊の生産者で，とくに，90%以上の農地で草地の生態系の回復に高い効果が見られました。一方，収益が改善した割合は3割程度で，1～2割は収益が悪化しました。

このプログラムは，イングランド地方の農村開発プログラムに発展しました。

（参考文献） Final Report for Countryside Council for Wales and Welsh Assembly Government (2005) *Socio Economic Evaluation of Tir Gofal.*

出を1単位削減するためには限界削減費用だけの費用がかかります。合理的な生産者は1単位の排出削減に伴う補助金sと1単位排出を削減することの限界削減費用を比較し，補助金sが限界削減費用を上回るかぎりは削減を行います。したがって，生産者は自らの限界削減費用が補助金sに等しくなる水準まで排出を削減します。

1単位の汚染排出に対する税額tと，1単位の排出削減に対する補助金sが同額である場合には，両者は同じ排出量E^*を導きます。すなわち，同額の税と補助金は，短期的には同じ効果を持ちます。ただし，補助金の場合は，逆に，sCE^*A を税として支払う必要がなく，BCE^*E_0 だけの補助金を受け取るので，税の場合に比べて利潤が大きくなります。

しかし，補助金では，長期的に見ると汚染が増加する可能性がある点に注意が必要です。生産者は，長期的に正の利潤が得られる場合にはその産業に参入し，長期的に利潤が負になる場合にはその産業から退出します。税を課すと，企業の私的費用が上昇するため，企業の利潤は減少します。このため，税の支払が大きな負担となる企業はこの産業から退出します。これに対して，補助金の場合は，企業は補助金を受け取って利潤を増やせるため，この産業への参入を促進します。その結果，企業の数が増加し，汚染の排出が増える可能性があります。このように，長期的には，税と補助金では，異なる効果が生まれることになるでしょう。

SUMMARY ●まとめ

- □ 1 ある人の経済行動が直接・間接に他の経済主体に及ぼす影響を外部効果（あるいは外部性）といいます。外部効果には金銭的外部効果と技術的外部効果があります。経済学で問題になるのは技術的外部効果です。
- □ 2 技術的外部効果とは，市場を経由しないで，他の経済主体に及ぼされる影響のことをいい，外部効果あるいは外部性というときは技術的外部効果のことを指します。及ぼす外部効果が好ましい場合，正の外部効果といい，好ましくない場合，負の外部効果といいます。負の外部効果の大きさを外部費用といいます。
- □ 3 外部効果があると完全競争市場での生産は社会的最適とはなりません。これを市場の失敗といいます。負の外部効果があるときは市場での生産量は過剰となります。これが環境問題の背景にあります。
- □ 4 市場の失敗を是正し社会的最適を実現する手段として税や補助金を用いた内部化があります。とりわけ外部費用を内部化するピグー税は有名です。

EXCERCISE ● 練習問題

2-1 以下の文章の空欄に四角の中から言葉を選んで文章を完成させなさい。

ある経済主体の経済行動が，市場を通さずに他の経済主体の経済行動に与える効果を（　1　）という。（　1　）が受け手にとって望ましいものである場合を（　2　）といい，受け手にとって望ましくないものである場合を（　3　）という。ある財の生産に伴って（　3　）が発生する場合，その財の生産は社会的に望ましい水準と比較して（　4　）になる。

①外部効果　②代替効果　③所得効果　④外部経済　⑤外部不経済 ⑥取引費用　⑦限界削減費用　⑧社会的限界費用　⑨過大　⑩過小

2-2 ある財に対する需要曲線が $Q=200-P$ と表されるとする。ここで，Q はこの財の数量，P はこの財の価格である。一方，この財の供給曲線（私的限界費用曲線）は，$MC_P=Q$ で表されるとする。いま，この財の生産に伴って，$MC_E=20$ の限界外部費用曲線で表される外部不経済が発生しているとする。自由放任の状態で実現する生産量を求めなさい。また，社会的最適な生産量を求めなさい。

2-3 以下の文章の空欄に四角の中から適切なものを選んで文章を完成させなさい。

ある財を生産する工場から排出されるばい煙によって大気汚染が発生しているとする。財の生産量を Q，財の価格（円）を P とすると，財に対する需要曲線が $Q=200-P$，財の供給曲線（私的限界費用曲線）が $MC_p=Q$，財の社会的限界費用曲線が $MC_s=3Q$ と表されるとする。自由放任の場合の生産量は（　1　）単位であり，そのときの社会的余剰は（　2　）円となる。一方，社会的最適な生産量は（　3　）単位であるが，それは，財1単位の生産あたり（　4　）円のピグー税を課すことで実現される。このようなピグー税を課した場合の社会的余剰は（　5　）円となる。

①0　②50　③100　④150　⑤200　⑥300　⑦1250　⑧2500 ⑨5000　⑩10000

CHAPTER

第3章

汚　染

中国北京の天安門広場で，大気汚染のひどい日に散歩をする観光客たち（2015年。写真：ロイター/アフロ）

INTRODUCTION

私たちは生産や消費を行うことで汚染物質を排出し，大気，水，土壌などの自然環境を汚染しています。本章では，このような汚染の問題を考えるための分析方法を学びます。はじめに，汚染を追加的に1単位削減することの費用である限界削減費用がすべての生産者で同じになるときに，社会全体の削減費用が最小になることを説明します。そして，課税や補助金をはじめとした経済的手段を用いることで限界削減費用が均等化され，総削減費用が最小化されることを説明します。次に，所有権を明確に定めるならば，当事者間の交渉により環境問題が解決されうることを示したコースの定理について説明したうえで，コースの定理を応用した環境政策である排出量取引を紹介します。

1 大気汚染の現状

私たちは生産や消費を行うことで汚染物質を排出し，大気，水，土壌などの自然環境を汚染しています。ここでは，例として大気汚染の状況を見てみましょう。

日本では，高度経済成長期に，工場から排出された二酸化硫黄（SO_2）などの汚染物質を原因とする深刻な大気汚染が発生しました。大気汚染は，ぜんそくや気管支炎などの呼吸器疾患の原因となります。四日市ぜんそくは工場からの汚染物質による大気汚染の代表例です。

大気汚染への対策として，1968 年に大気汚染防止法が制定されました。人の健康を保護し生活環境を保全するうえで維持されることが望ましい基準として環境基本法で設定された大気環境基準を達成するために，工場等の施設ごとの排出規制，指定地域での総量規制，自動車排出ガスの許容限度の設定などがこの法律に基づいて実施されています。

また，都市部では自動車，とくにディーゼル車の排出ガスに含まれる窒素酸化物（NO_x）や浮遊粒子状物質（SPM）による大気汚染が深刻化しました。自動車排出ガスに対する対策としては，自動車排出ガス規制が行われています。2001 年には自動車 NO_x 法が改正され，浮遊粒子状物質も対策の対象とする自動車 NO_x・PM 法が制定されました。また，都道府県によるディーゼル車規制条例も制定されています。さらに，ガソリン車やディーゼル車に比べて大気汚染物質の排出が少ない低公害車や低排出ガス車の普及促進，自動車の効率的な利用や公共交通への利用転換など，自動車利用者の行動を変化させることにより交通量の抑制を図る**交通需要マネジメント**（Transportation Demand Management：TDM），幹線道路の交差点など，大気汚染水準が高いところで行う局地汚染対策，アイドリングストップなどのエコドライブの推進等の取り組みも進められています。

これらの取り組みの結果，日本では，二酸化硫黄，二酸化窒素，浮遊粒子状物質については環境基準がほぼ達成されています（図 3.1）。しかし，光化学オ

CHART 図3.1 二酸化窒素(NO_2)濃度の年平均値の推移(一般環境大気測定局)

（出所） 環境省「令和元年度　大気汚染物質（有害大気汚染物質等を除く）に係る常時監視測定結果」のデータをもとに筆者作成。

キシダントの環境基準の達成状況は，2019 年度では一般環境大気測定局で 0.2 %，自動車排出ガス測定局で 0% ときわめて低い水準となっています。光化学オキシダントは，窒素酸化物や炭化水素（HC）が，太陽からの紫外線を受けて化学反応を起こすことで生成されるオゾンをはじめとする物質の総称です。光化学オキシダントは光化学スモッグの原因となる物質ですので，さらなる対策が必要です。

近年は，国境を越えた汚染も大きな問題となっています。ある国で排出された汚染物質が，国境を越えて他の国の環境を汚染することを**越境汚染**といいます。酸性雨や PM2.5（大気中に浮遊している粒子状物質のうち粒径がおおむね 2.5 μm 以下の微小粒子状物質）が越境汚染の代表例です。

大気中の化学反応により，硫黄酸化物や窒素酸化物などが変化した硫酸や硝酸などを取り込んだ強い酸性の雨が酸性雨です。

酸性雨は，河川や湖沼を酸性化して魚類の生息に悪影響を与えたり，土壌を酸性化して植物の成長に悪影響を与えたりします。また，樹木の立ち枯れの原因となります。このように，酸性雨は生態系にさまざまな悪影響を与えており，被害の深刻な欧米では大きな問題となっています。さらに，欧米では，屋外にある大理石の彫刻を溶かしたり，金属に錆（さび）を発生させたりして，文化財や建造

Column ❸-1　ヘドニック価格法――二酸化窒素が地価に与える影響

ヘドニック価格法は，住宅価格に基づいて環境の価値を評価する方法です。部屋数，築年数，交通アクセス，周辺の環境の質など，住宅価格に影響するさまざまな要因と住宅価格の関係を統計的に分析し，環境が住宅価格に及ぼす影響を抽出することで，その価値を経済的に評価します。他の条件が同じであれば，周辺の環境の質がよい住宅の価格はそうでない住宅の価格よりも高くなると考えられます。そこで，環境の質の違いによってどれだけ住宅価格が上昇しているかを分析することによって，環境の質の価値を評価することができます。

図1は縦軸に住宅価格，横軸に環境の質をとっています。ここでは，住宅価格に影響を及ぼす要因のうち，環境の質以外はすべて固定し，住宅価格と環境の質の関係のみを描いています。他の条件が同じであれば，環境の質がよい住宅ほど価格が高くなるので，住宅価格と環境の質の間には右上がりの曲線で表される関係があります。この曲線を**ヘドニック価格曲線**と呼びます。たとえば，環境の質が Q_0 の住宅の価格は P_0 であり，環境の質が Q_1 の住宅の価格は P_1 であるとき，この価格の差 P_1-P_0 を環境の質（Q_0 から Q_1 への環境改善）の価値とみなすことができます。

ここでは，ヘドニック価格法を用いて大気汚染の価値（外部費用）を評価した事例を紹介しましょう。

兵庫県尼崎市では，1960年代以降，工場群からの煤煙（ばいえん）と自動車の排ガスで

図1　ヘドニック価格曲線

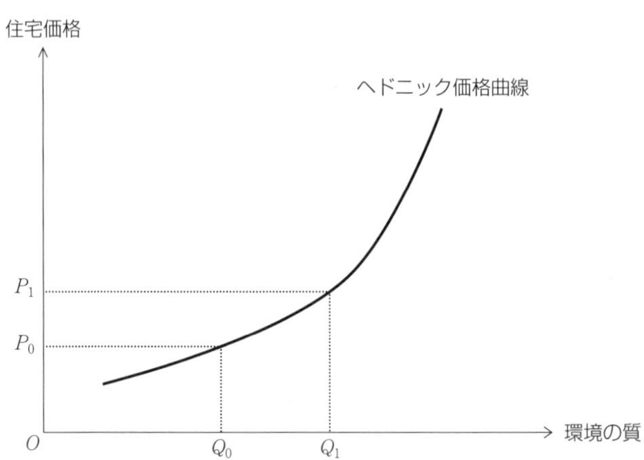

大気汚染が深刻化しました。この尼崎市における自動車排ガスによる外部費用をヘドニック価格法によって評価するため，地価（路線価）を被説明変数，最寄り駅までの距離や最寄りの病院までの距離，二酸化窒素（NO_2）濃度など，地価に影響すると考えられるさまざまな要因を説明変数とした回帰分析を行い，地価に NO_2 濃度が及ぼす影響を抽出する研究が行われました（八木 2002）。その結果，NO_2 による限界外部費用は，1 m^2 あたり－321 円/ppb であることが明らかになりました。また，環境基本法に基づく国の環境基準の上限値（60 ppb）を超える大気汚染が発生した場合の外部費用は年間約 38 億円であること，ならびに，その場合，通行車両 1 台あたりの外部費用は普通車で約 74 円，大型車で約 341 円となることを明らかにしました。

（参考文献） 八木俊一（2002）「自動車排ガスによる外部費用の計測――兵庫県尼崎市を事例として」『環境科学会誌』15(5)，349-359 頁。

物にも被害を与えています。

越境汚染に対する対策を実施するためには，複数の国の間での協力が必要となります。

2 汚染の経済分析

環境政策の手法は，排出基準のように，法的に許容される最大限の排出量を決め，守らせる**直接規制**と，環境税，排出量取引，補助金のように，汚染排出に対して税を課したり，取引可能な排出許可証の取得を義務づけたり，逆に排出削減に対して補助金を出したりすることで望ましい汚染量を間接的に導くような**経済的手段**に大別されます。本節では直接規制と経済的手段の特徴の違いを説明します。

限界削減費用均等化

市場には複数の生産者がいます。生産物の違いや生産技術の違いなどにより，排出削減の負担が大きな生産者もいれば，小さな生産者もいるでしょう。これは経済学的には，限界削減費用曲線の形状が生産者によって異なることを意味

CHART 図 3.2 生産者 A と生産者 B の限界削減費用曲線 (1)

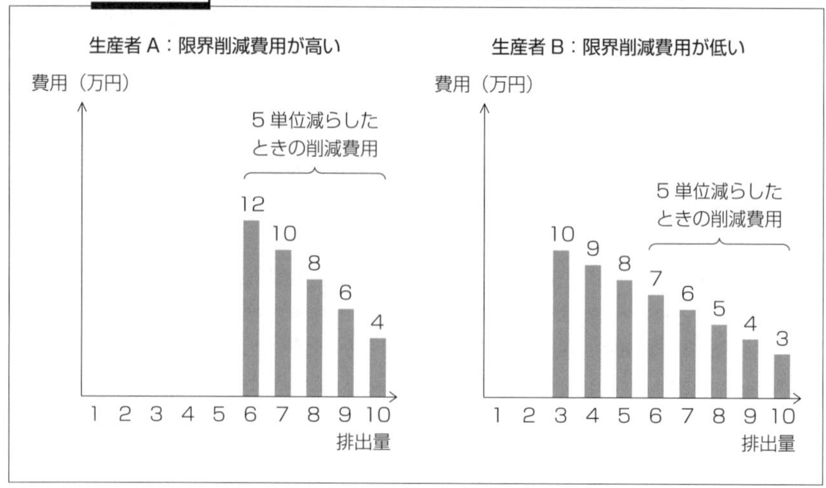

します（社会全体の限界削減費用曲線は，これら各生産者の限界削減費用を合計したものです）。

いま，社会に生産者 A と生産者 B の 2 人の生産者だけが存在するとしましょう。社会全体での汚染物質の排出量を半分にしたいとき，どのような排出規制を実施すると，社会全体での排出削減費用を最小にできるでしょうか。生産者 A と生産者 B の限界削減費用曲線を描いた**図 3.2** を用いて考えてみましょう。

排出規制が行われないとき，社会全体では 20 単位の汚染排出が行われており，その内訳は，生産者 A が 10 単位，生産者 B が 10 単位だとします。ここで何らかの排出規制を行い，社会全体での汚染排出を半分（10 単位）にしたいと政府が考えたとしましょう。

すぐに思いつく方法は，各生産者の排出量をそれぞれ半分にするように，一律に削減させる排出規制を行うというものでしょう（生産者 A が 5 単位，生産者 B も 5 単位排出）。このとき，**図 3.2** から社会全体での削減費用は 65 万円（＝40 万円＋25 万円）となります

ここで，生産者 A が 1 単位排出を増やし，生産者 B が 1 単位余計に削減することを考えてみましょう。社会全体での排出量は 10 単位のままです（生産者 A が 6 単位，生産者 B が 4 単位）。このとき，生産者 A は 12 万円の削減費用支払を免れ，生産者 B は 8 万円の削減費用を追加的に支払うことになります。

したがって，社会全体の削減費用は差し引き4万円減少し，61万円になります。

さらに生産者Aが1単位排出を増やし，生産者Bが1単位余計に削減すると，社会全体での排出量は10単位のまま（生産者Aが7単位，生産者Bが3単位）ですが，生産者Aは10万円の費用支払を免れ，生産者Bは9万円の削減費用を追加的に支払うことになりますので，社会全体での削減費用は差し引き1万円減少し，60万円になります。

ここから，さらに生産者Aが1単位排出を増やし，生産者Bが1単位余計に削減すると，社会全体での排出量は10単位のまま（生産者Aが8単位，生産者Bが2単位）ですが，生産者Aは8万円の削減費用支払を免れ，生産者Bは10万円の削減費用を追加的に支払うことになりますので，社会全体の削減費用は差し引き2万円増加し，62万円になります。

以上のことから，生産者Aが7単位，生産者Bが3単位それぞれ排出しているとき，社会全体の削減費用が最小になっていることがわかります。

生産者Aと生産者Bの限界削減費用に注目すると，その理由がわかります。生産者Aが7単位排出しているときに，さらに追加的に1単位削減する場合の削減費用は10万円です。一方，生産者Bが3単位排出しているときに，さらに追加的に1単位削減する場合の削減費用は同じく10万円です。つまり，この状況では，生産者Aが追加的に1単位削減しても，生産者Bが追加的に1単位削減しても同じだけ費用がかかることになり，どちらかがもう一方の削減を肩代わりすることで全体の費用が低くなるということはありません。

以上のことから，各生産者の限界削減費用が同じになる，つまり限界削減費用が均等化するときに，社会全体の削減費用が最も小さくなることがわかります。

各生産者の排出量を一律削減させるような排出規制では，社会全体の費用を一般には最小化できません。これは，各生産者の削減の負担の違いを考慮していないためです。もし排出規制をするのならば，各生産者の限界削減費用が均等になるように規制をする方が望ましいのです。この例では，生産者Aは7単位まで，生産者Bは3単位まで排出するように規制することで，社会全体の費用を最小化できることになります。

CHART 図 3.3 生産者 A と生産者 B の限界削減費用曲線(2)

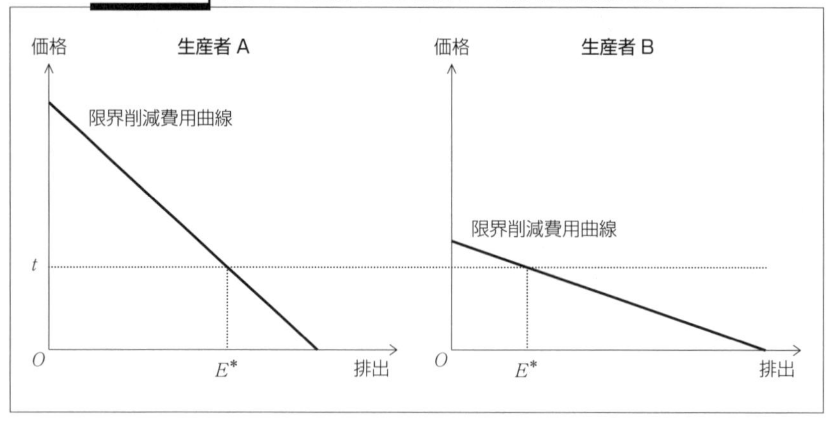

直接規制と経済的手段の比較

直接規制として排出基準を，経済的手段として税を想定して，直接規制と経済的手段の比較を行いましょう。

図 3.3 は，生産者 A と生産者 B の限界削減費用曲線を描いたものです。第 2 章で見たように，税 t を課すと，各生産者は自らの限界削減費用が税 t に等しくなる水準 E^* まで汚染排出を削減します。したがって，税 t を課すと，各生産者の限界削減費用は自動的に同じになります（税額 t に等しくなります）。その結果，社会全体の削減費用は最も小さくなります。

もし，政府が各生産者の限界削減費用を把握できているなら，排出基準でも限界削減費用を均等にすることが可能です。しかし，通常，政府は，個々の生産者の限界削減費用を知らないため，限界削減費用を均等にするような排出基準は設定できません。これに対して，前述のとおり，税を課せば，政府が生産者の限界削減費用を知らなくても，自動的に限界削減費用が均等になります。したがって，税の方が，排出基準と比べ，総削減費用を最小化できるというメリットがあります。

なお，ここでは経済的手段として税を想定しましたが，排出削減に対する補助金を想定した場合も同様の結論が得られます。すべての生産者に対して，排出削減に同額の補助金 s が適用されているとすると，すべての生産者が自らの

Column ❸-2　ボーモル・オーツ税

ピグー税を実施するためには，外部費用を貨幣単位で評価することが必要ですが，それは容易ではありません。そこで，ウィリアム・ボーモル（1922-2017）とウォーレス・オーツ（1937-2015）によって外部費用の貨幣評価を必要としない**ボーモル・オーツ税**という方法が考案されています。

ボーモル・オーツ税では，ピグー税のように社会的限界費用曲線（限界外部費用曲線）に基づいて最適な排出水準（生産量）を決めるのではなく，自然科学的知見などに基づいて目標とする排出水準を定めます。そして，まず，適当に税額を決め，その後，目標の排出削減量が達成されるように税額を調整します。この方法であれば，外部費用の貨幣評価を必要としないので，ピグー税よりも実行可能性が高まります。

図1は社会の限界削減費用曲線を描いたものです。限界削減費用曲線が点線で描かれているのは，政府はこの曲線の形状を正確には知らないことを表しています。もともとE_0の汚染物質が排出されているとします。いま，排出量をE^*に減らすことを目標にボーモル・オーツ税を導入する状況を考えましょう。政府は限界削減費用曲線の形状を知りませんので，E^*を導く税額を正確に設定することはできません。そこで，試行錯誤によりE^*を導く税額を見つけ出します。はじめに，税額をt_1に設定したとします。このとき，排出量はE_1となり，E^*と比較して過大になります。そこで次に，税額をt_2に上げたとします。このとき，排出量はE_2となり，E^*と比較して過少になります。そこで再度税額を下げ，t_3に設定したとします。このとき，目標とするE^*が

図1　ボーモル・オーツ税

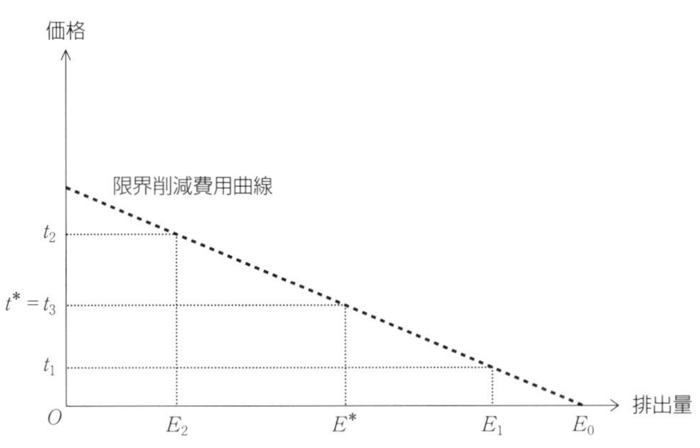

達成されます。したがって，t_3 が最適な税額 t^* となります。このようにボーモル・オーツ税では試行錯誤により，目標とする排出水準を導く税額を見つけ出します。

すべての生産者が同額の税を課されれば，ボーモル・オーツ税もピグー税の場合と同様に，限界削減費用の均等化は達成されます。したがって，ボーモル・オーツ税は，ピグー税のような最適な排出水準の達成はめざしませんが，ピグー税と同様に，最少費用で目標を達成することができます。

ただし，税額の試行錯誤は現実には困難です。また，できるだけ少ない試行錯誤で最適な税額にたどり着くためには，最初の税額設定のために，限界削減費用曲線をある程度知ることが必要になりますが，それは容易ではありません。このように，ボーモル・オーツ税であっても，現実に実施するのは容易ではありません。

限界削減費用が補助金 s に等しくなる水準まで排出を削減するため，すべての生産者の限界削減費用は等しくなります。このとき，限界削減費用が均等になるため，社会全体の排出削減費用が最小となります。

コースの定理——当事者間の交渉による解決

一方，このような政府が市場に介入する手段をとらずとも環境問題を改善できるとするのが**コースの定理**です。ロナルド・コース（1910-2013）は，いくつかの条件のもとでは，当事者間の交渉により環境問題は解決されうることを示しました。このことは，ピグーが主張するような政府の介入がなくても，外部性を内部化することができることを意味します。以下では，簡単な例を用いて，コースの主張を確認しましょう。

いま，ある河川の河岸で操業する2つの企業を考えましょう。上流で操業する企業Cは生産に伴い発生する排水を河川に流し，河川を汚染しているとします。一方，下流で操業する企業Dは河川の水を生産に使用するため，きれいな水を必要としているとします。したがって，企業Cが生産を行うことで，企業Dは被害を受けるとします

図3.4の縦軸は企業Cの限界利潤と企業Dの限界外部費用を，横軸は企業Cの生産量を表しています。右下がりの曲線は，企業Cの限界利潤曲線を表

CHART 図 3.4 限界利潤曲線と限界外部費用曲線

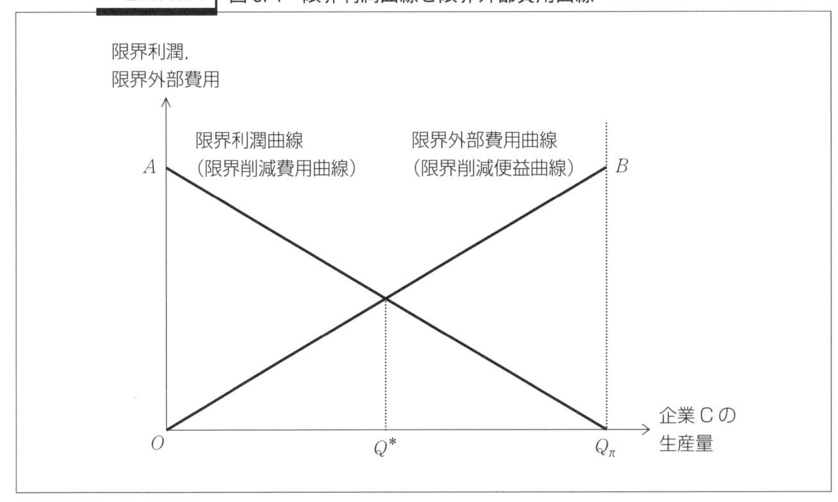

します。これは企業Cが生産を1単位追加するごとに得られる利潤を表しています。価格は一定であるのに対して，生産の限界費用は逓増すると考えられますので，限界的な利潤は逓減します。このため，限界利潤曲線は右下がりになります。ここで，企業Cが生産を1単位減らすと，その生産を行っていたら得られた限界的な利潤が得られなくなります。これは削減の機会費用です。したがって，企業Cにとっての生産の限界利潤曲線は，限界削減費用曲線と読み替えることができます。

右上がりの曲線は，企業Cが生産を1単位追加するごとに企業Dが被る損害を表す限界外部費用曲線です。限界的な外部費用が逓増する（企業Cの生産量が増えるほど，企業Cが生産を1単位追加することで企業Dが被る被害が大きくなる）と仮定すると，限界外部費用曲線は右上がりになります。ここで，企業Cが生産を1単位減らすと，その生産を行っていたら発生していた限界的な外部費用が発生しなくなります。これは削減の便益です。したがって，企業Dにとっての生産の限界外部費用曲線は，限界削減便益曲線と読み替えることができます。

はじめに，河川の水の所有権が決まっていない場合を考えましょう。このとき，企業Cは自らの利潤が最大となる Q_π まで生産を行います。したがって，企業Cの利潤は OAQ_π となります。一方，企業Dは企業Cの排水によって損害を被っています。企業Dの被る外部費用は OBQ_{π} となります。

次に，企業Dにきれいな水を使用する権利が認められている場合を考えましょう。このとき，企業Cは生産を行うためには，企業Dの許可が必要になります。企業Cは企業Dと交渉する中で自らの生産量を決定することになります。企業Cが企業Dに生産を認めてもらうためには，最低限，企業Dが被る被害（外部費用）に相当する分を補償する必要があります。

そこで，企業Cは点 O を出発点として，生産を行うことで得られる限界利潤と，生産を行うために支払わなければならない限界補償額（企業Dが被る限界外部費用に相当）を比較し，限界利潤の方が限界補償額より大きいかぎりは生産を行います。その結果，企業Cは企業Dに補償を行いながら Q^* まで生産活動を行います。

次に，企業Cに河川に排水を流す権利がある場合を考えましょう。このとき，企業Cは自らの利潤が最大となる Q_{π} まで生産を行うと考えられます。そこで，企業Cの生産により被害を受ける企業Dは，企業Cの利潤の減少分を補償することを条件に，企業Cに対して生産を減らしてもらうよう交渉することになります。企業Dは Q_{π} を出発点として，生産を減らしてもらうために支払わなければならない限界補償額（企業Cの限界利潤額）と，生産を減らしてもらうことで回避できる限界外部費用（生産を減らしてもらうことの限界便益）を比較し，回避できる限界外部費用の方が大きいかぎりは生産を減らしてもらいます。その結果，企業Dは企業Cに補償を行って，Q^* まで生産を減らしてもらいます。

以上より，企業Cに河川に排水を流す権利があっても，企業Dにきれいな水を使用する権利があっても，生産量は Q^* となることがわかります。このとき，限界利潤（限界削減費用）と限界外部費用（限界削減便益）が一致しますので，生産は効率的です。ここから，汚染排出者と被害者のどちらに河川の水の**所有権**があっても，当事者の交渉を通して，効率的な生産量が実現することがわかります。これをコースの定理といいます。コースの定理は，環境問題の解決にとって，政府の介入が不要である可能性を示しています。

ただし，加害者と被害者のどちらに所有権があるかで，所得分配への影響は異なる点に注意が必要です。また，両者の支払能力に差がある場合には，実行可能性に差が生じる点にも注意が必要です。たとえば，上記の例で，企業C

は規模が大きく十分な支払能力を持っているのに対して，企業Ｄは規模が小さく支払能力が十分でないとしましょう。このとき，企業Ｃが企業Ｄに補償を行うことはできますが，企業Ｄが企業Ｃに補償を行うことはできないかもしれません。

ここまでは，**取引費用**が存在しない状況を想定していました。取引費用とは，当事者同士が交渉を行うためにかかる費用のことです。たとえば，交渉を行っていくためには時間やお金や労力を必要とします。環境問題においては，この取引費用が大きくなることがよくあります。

例として，工場からの排水によって地域住民が健康被害を受けている状況を考えてみましょう。交渉を行うためには，地域住民は仕事を休んだり，レジャーの予定をキャンセルしたり，あるいは弁護士に交渉を依頼したりしなければならないかもしれません。これらの費用があまりに高ければ，交渉が行われないこともありえます。また，工場が多数ある地域では，そもそもどの工場が加害者なのかを特定するのが難しい場合もあるでしょう。このように，交渉相手が不明では交渉ができません。さらには，地球温暖化問題のように，加害者が現在世代やそれ以前の世代であり，被害者が将来世代である場合には，被害者は交渉する術（すべ）がありません。

このように考えると，環境問題においては取引費用が無視できない場合が多く，環境を利用する権利である所有権が明確に設定されていたとしても，当事者間の交渉で解決が可能な環境問題は限られていると考えられます。したがって，多くの環境問題に関しては，政府の介入が必要であると考えられます。コース自身も，現実の社会においては取引費用が無視できないことを指摘しています。

排出量取引

コースの定理を応用した環境政策に，**排出量取引**があります。排出量取引とは，排出主体に所有する排出枠（排出許可証）だけの汚染物質を排出することを認め，所有する排出枠を超えて汚染物質を排出する排出主体には，排出枠より少ない汚染物質しか排出しない排出主体から排出枠を購入することで，その分の排出を認める制度です。ここでは，排出量取引の仕組みを経済学の理論を

CHART 図 3.5 排出量取引のメカニズム (1)

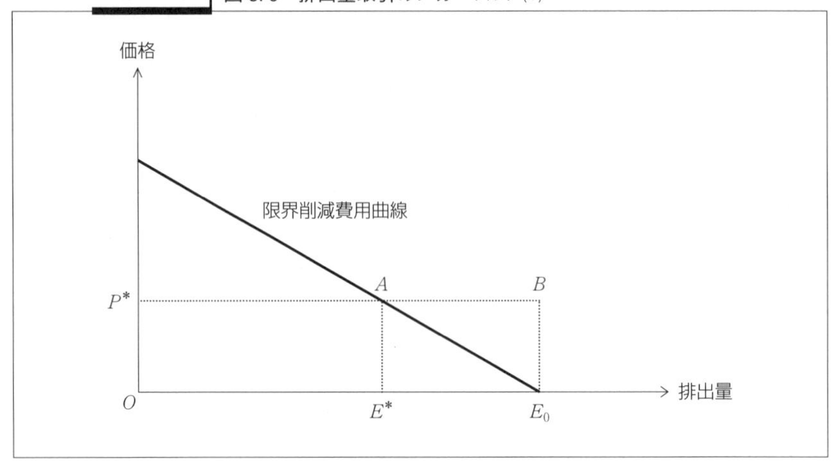

用いて考えてみましょう。

はじめに，排出量取引のもとでのある生産者の行動を考えましょう。図 3.5 は，ある生産者の限界削減費用曲線と排出枠の価格 P^* を描いたものです。

排出量取引の制度が導入される以前には，この生産者は利潤が最大となる E_0 まで汚染物質を排出しているとしましょう。では，排出量取引が導入されると，この生産者はどのような行動をとるでしょうか。

排出枠の初期配分の代表的な方法には，過去の排出量に応じて排出枠を無償で配分する**無償配分方式**（グランドファザリング）と，無償での配分は行わず，排出枠をオークションで販売する**オークション方式**があります。ここでは，初期配分の方法として，必要な排出枠はすべて購入しなければならないオークション方式のケースを考えましょう。

排出枠の価格 P^* は他の財と同様，需要と供給の関係で決まります。通常の財と同様に，排出枠に対する需要（＝すべての生産者の排出量の合計）が排出枠の発行量（＝社会で許容される排出）を上回る場合には P^* は上昇し，逆に排出枠に対する需要が排出枠の発行量を下回る場合には P^* は低下します。このようなメカニズムにより，排出枠の市場において，排出枠の価格が P^* に決まったとしましょう。

排出量取引が導入される以前は，費用をかけずに排出を行うことができまし

Column ❸-3　アメリカにおける二酸化硫黄の排出量取引

アメリカでは，1990 年に改正された大気浄化法（Clean Air Act）において酸性雨プログラム（Acid Rain Program）が実施されました。これは，酸性雨への対策として，発電所から排出される二酸化硫黄を 2000 年までに 1980 年の水準から 1000 万トン削減することを目標とした取り組みで，その一環として二酸化硫黄の排出量取引制度が導入されました。

1995 年から 99 年の第 1 期では，主に中西部に立地する二酸化硫黄の排出量が多い発電施設が対象となりました。初期配分は，過去（85～87 年）の排出実績に従って，無償配分されました（一部はオークションにより有償で配分されました）。

発電施設は排出枠の価格と自らの限界削減費用を比較して，もし前者の方が低ければ，排出削減を行わず，排出枠を購入します。一方，後者の方が低ければ，排出削減を行い，もし排出枠が余ればそれを売却して収入を得ます。排出削減のための方法には，二酸化硫黄の排出の原因となる硫黄成分が少ない低硫黄炭への転換や，二酸化硫黄が大気中に排出されるのを防ぐ脱硫装置の設置などがあります。このように，各発電施設が自らにとって合理的な行動をとることで，限界削減費用が相対的に低い発電施設が排出削減を行うことになり，社会全体として最小の費用で目標の排出削減が達成されることになります。また，排出枠を翌年以降に持ち越すバンキングも認められました。これにより，時間的にも融通を利かせることができるようになりました。

この制度では排出枠の所有量を超えて排出を行った場合には，1 トンの超過につき 2000 ドルの課徴金が科され，さらに超過分は次年度の配分から差し引かれることになりました。これにより，許容排出量を遵守するインセンティブが与えられています。

1995 年までに，二酸化硫黄の排出を約 40% 削減するという成果をあげました。また，2000 年からの第 2 期においては，化石燃料を用いるほとんどすべての発電施設が対象となり，第 1 期より厳しい規制が行われました。

排出量取引の導入により，かなりの費用が節約されたといわれています。第 1 期について調べた研究では，規制対象のすべての発電施設に一律の排出率基準を設定することで同じ削減を達成した場合と比較して 17%，排煙脱硫装置の設置を義務づけることで同じ削減を達成した場合と比較して 71% の費用が節約されたと推計されました。

（参考文献）United States Environmental Protection Agency（2009）"Acid Rain and Related Programs：2008 Highlights," Keohane, N. O.（2006）"Cost Savings from Allowance Trading in the 1990 Clean Air Act: Estimates from a Choice-Based Model," in J. Freeman and C. D. Kolstad, *Moving to Markets in Environmental Regulation*, Oxford University Press, pp. 194-229.

たが，排出量取引が導入されたため，排出するためには排出枠を購入する必要があります。つまり，1単位排出するためには，1単位分の排出枠の価格だけの支払が必要になるのです。合理的な生産者は，削減1単位ごとに，この排出枠の価格（＝排出するために支払わなければならない金額）と削減にかかる費用（＝削減するために支払わなければならない金額，限界削減費用）を比較して，排出枠の価格の方が削減にかかる費用よりも安ければ排出枠を購入して排出を行い，逆に排出枠の価格よりも削減にかかる費用の方が安ければ削減を行います。

たとえば，E_0 から E_0-1 まで1単位削減するかどうかの意思決定を行う場面を考えましょう。いま，排出枠の価格が1万円であるとします。また，E_0 から1単位削減するためには，削減費用が1000円かかるとしましょう。このとき，1000円の費用をかけて1単位削減すれば，排出するために必要な排出枠を購入しなくてすみますので，1万円だけの購入費用を節約することができます。したがって，合理的な生産者は1単位削減します。

つまり，限界削減費用曲線よりも排出枠の価格 P^* が上にあるかぎり，排出を削減することで費用を節約できます。そこで，合理的な生産者は，限界削減費用曲線よりも排出枠の価格 P^* が上にあるかぎり，削減を行います。その結果，生産者は，限界削減費用曲線と排出枠の価格 P^* が一致する排出量 E^* まで削減を行います。

合理的な生産者は，E^* を超えて削減を行うことはありません。なぜならば，E^* よりも左では，限界削減費用曲線の方が排出枠の価格 P^* よりも上にあるからです。これは，追加的な削減にかかる費用の方が，削減することで節約できる排出枠の購入費用よりも大きいことを意味します。つまり，削減を行うことで，その生産者は損をすることになります。したがって，合理的な生産者はそのような行動はとりません。

E_0 から E^* まで削減することで，この生産者は，排出枠の購入費用を

ABE_0E^*だけ節約できる一方で，削減費用はAE^*E_0となるため，ABE_0だけ費用を節約できます。削減量がこれ以上でもこれ以下でも，節約できる費用はABE_0よりも小さくなりますので，E^*が最適な排出量です。このように，排出量取引が導入されると，生産者は，限界削減費用と排出枠の価格が等しくなる排出量まで削減を行います。

次に，2つの生産者の間での排出枠の取引について見てみましょう。ここでは，単純化のため，企業が2社だけいるものとします。

図3.6は，点O_Aを企業Aの原点，点O_Bを企業Bの原点として，2つの企業の限界削減費用曲線を描いたものです。右下がりの曲線は，企業Aの限界削減費用曲線，右上がりの曲線は，企業Bの限界削減費用曲線です。

両企業の排出量の合計を線分O_AO_Bとするために，線分O_AO_Bに相当する排出枠を両企業に配分するとします。ここでは，企業AにZ_A，企業BにZ_Bだけの排出枠を配分する状況を考えましょう。

企業AはZ_Aだけの排出枠を持っていますので，Z_Aだけ排出することができますが，もし，さらに1単位の排出を行うことができれば，P_aだけの利潤を得ることができます。一方，企業BはZ_Bだけの排出枠を持っていますので，Z_Bだけ排出することができますが，もし，P_bだけの削減費用を費やせば，追加的に1単位の削減を行ことができます。企業Bが追加的に1単位の削減を行えば，1単位分の排出枠が余りますので，それを企業Aに売却することができます。

企業Aは，この排出枠を購入すれば追加的に1単位排出することができますので，P_a以下の価格で購入することができれば，利益を得ることができます。一方，企業Bは，限界削減費用であるP_bを上回る価格で排出枠を売却することができれば，利益を得ることができます。いま，$P_a \geq P_b$ですので，もし，企業AとBがスムーズに排出枠の売買を行うことができれば，企業A，企業Bともにこの排出枠の売買により利益を得ます。企業Aの限界削減費用曲線の方が，企業Bの限界削減費用曲線よりも高いかぎりは，排出枠の売買が行われます。その結果，企業Aによる排出量は$O_AZ_e^*$，企業Bによる排出量は$O_BZ_e^*$となります（これは，コースの定理の示すことです）。これが社会的に最適な排出枠の配分です。

CHART 図 3.6 排出量取引のメカニズム (2)

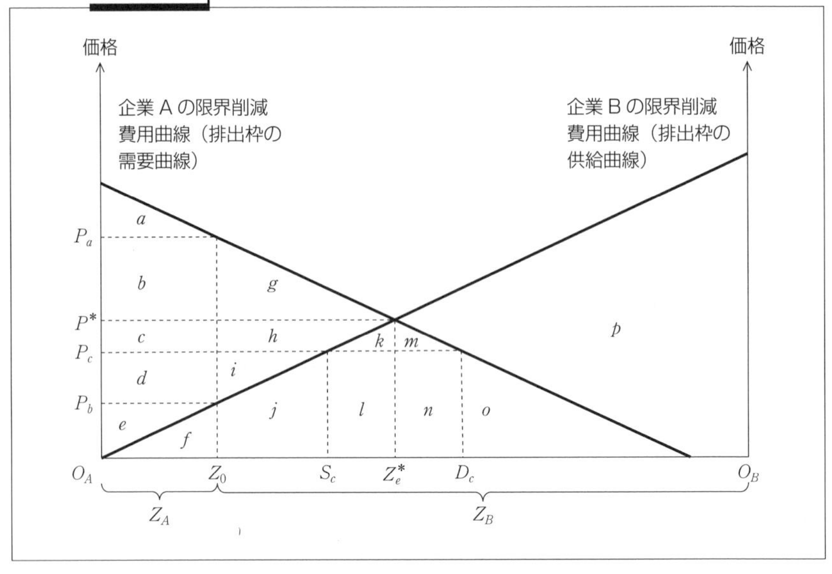

CHART 表 3.1 排出量取引による利潤の変化

	企業 A	企業 B	社会全体
排出量取引前	$a+b+c+d+e+f$	$j+k+l+m+n+o+p$	$a+b+c+d+e+f$ $+j+k+l+m+n+o+p$
排出量取引後	$a+b+c+d+e+f+g$ $=(a+b+c+d+e+f+g+h+i$ $+j+k+l)-(h+i+j+k+l)$	$h+i+j+k+l+m+n+o+p$ $=(m+n+o+p)$ $+(h+i+j+k+l)$	$a+b+c+d+e+f+g$ $+h+i+j+k+l+m+n+o+p$
変化分	$+g$	$+(h+i)$	$+(g+h+i)$

ところが，企業がたくさん存在する場合には，このような取引相手を見つけることは容易ではありません。そこで，今度は排出量取引市場を考えてみましょう。排出枠価格が限界削減費用より低いかぎり企業 A は購入しようとし，一方，排出枠価格が限界削減費用より高いかぎり，企業 B は自身の排出枠を売却しようとするでしょう。したがって，Z_0 を原点として，企業 A の限界削減費用曲線を排出枠の需要曲線，企業 B の限界削減費用曲線を排出枠の供給

曲線と考えることができます。排出枠価格が，図の P_c であれば，排出枠の需要量は D_c，供給量は S_c となります。需要量と供給量が一致しないと価格は変化します。価格が P_c では，需要量＞供給量となりますので，価格は上昇します。排出量取引市場の均衡は，通常の財市場の均衡と同様に，需要量と供給量が等しくなる P^* です。ここで，$Z_e^*Z_0$ の排出枠が価格 P^* で取引されることになります。その結果，各企業の限界削減費用が排出枠の価格に等しくなることから，限界削減費用均等化が成立します。すなわち，排出量取引のもとでは，社会的に最適な排出量が最小の費用で達成できます。

両企業の利潤についても考えてみましょう。第２章で説明したとおり，限界削減費用曲線は限界利潤曲線でもあります。したがって，各企業の利潤は，限界削減費用曲線の下の面積で表されます。

企業Ａは当初 Z_A の排出枠を持っていますので，この場合の利潤は $a+b+c+d+e+f$ です。一方，企業Ｂは当初 Z_B の排出枠を持っていますので，利潤は $j+k+l+m+n+o+p$ です。したがって，社会全体の利潤は $a+b+c+d+e+f+j+k+l+m+n+o+p$ となります。

排出量取引により排出枠が売買された結果，企業Ａは $Z_e^*Z_0$ の排出枠を購入し，排出量は $O_AZ_e^*$ となり，企業Ｂは $Z_e^*Z_0$ の排出枠を売却し，排出量は $O_BZ_e^*$ となります。このとき，企業Ａは生産（排出）によって $a+b+c+d+e+f+g+h+i+j+k+l$ の利潤を得ますが，排出枠の購入額として $h+i+j+k+l$ を支払うことになるため，最終的に $a+b+c+d+e+f+g$ の利潤を得ることになります。一方，企業Ｂは生産によって $m+n+o+p$ の利潤を得て，さらに排出枠の売却額 $h+i+j+k+l$ を得るため，最終的に $h+i+j+k+l+m+n+o+p$ の利潤となります。

排出量取引市場は，このように効率的な排出枠の配分を実現します。しかし，それだけではありません。自身と取引をすることで両者が利益を得るような潜在的な取引相手を見つけ出す費用を節約してくれるのです。

SUMMARY ●まとめ

□ 1 各生産者の限界削減費用が等しくなるとき，社会全体の削減費用が最も小さくなります。税を課すと，各生産者の限界削減費用は等しくなり，社会全体の削減費用は最も小さくなります。

□ 2 取引費用が存在しない状況では，排出者と被害者のどちらに所有権があっても，当事者の交渉を通して効率的な生産量が実現するとする主張をコースの定理といいます。

□ 3 排出主体は，自分だけで目標水準を達成するよりも，排出量取引を利用した方が得をします。また，排出量取引のもとでは，各排出主体の限界削減費用は等しくなり，社会的に最適な排出量が最小の費用で達成できます。

EXERCISE ● 練習問題

3-1 図1は，汚染物質の排出に対する課税の効果を説明するための図である。何も政策が実施されていないとき，生産者は E_0 まで汚染物質を排出しているとする。（Ⅰ）から（Ⅲ）の文章の空欄に，図1を参照しながら四角の中から言葉を選んで文章を完成させなさい。

図1　汚染物質の排出に対する課税の効果

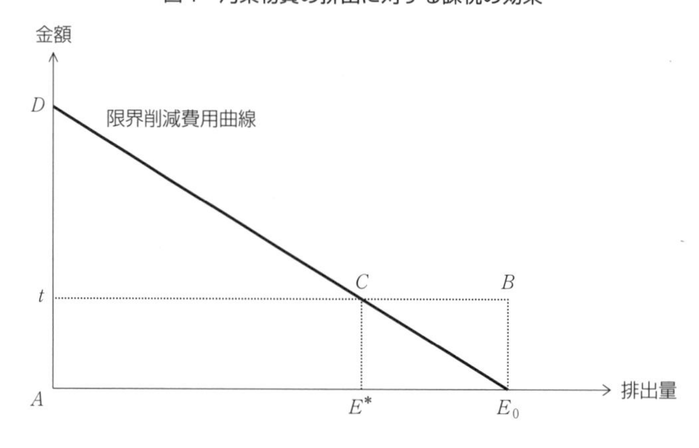

（Ⅰ） 汚染物質1単位あたりtの課税が行われているとき，まったく削減をしないなら，削減費用は（　1　），納税額は（　2　）となり，費用の合計は（　3　）となる。

（Ⅱ） 汚染物質1単位あたりtの課税が行われているとき，税額と限界削減費用が等しくなるところまで削減を行うと，削減費用は（　4　），納税額は（　5　）となり，費用の合計は（　6　）となる。

（Ⅲ） 汚染物質1単位あたりtの課税が行われているとき，税額と限界削減費用が等しくなるところまで削減を行うことで，まったく削減をしない場合と比較して，納税額を（　7　）だけ節約できる一方で，削減に必要な費用は（　8　）だけ増加するため，差し引き（　9　）だけ費用を節約できることになる。このため，汚染物質に課税をすると，各生産者の自主的な判断により，税額と限界削減費用が等しくなるところまで削減が行われる。

①三角形 AE_0D　②三角形 tCD　③三角形 E^*E_0C　④三角形 E_0BC
⑤四角形 AE_0Bt　⑥四角形 AE_0Ct　⑦四角形 AE^*Ct　⑧四角形 AE^*CD
⑨四角形 E^*E_0BC　⑩0

3-2 図3.6を用いて，排出量取引のもとでは社会的に最適な排出量が最小の費用で達成されること，および社会全体の利潤が増加することを説明しなさい。

3-3 住宅地の近隣にビルが建設されることになったとする。ビルの高さをX（メートル）とすると，ビル所有者の限界利潤曲線は$MP=160-0.5X$で表されるとする。一方，ビルにより日照が阻害される周辺住民は，$MEC=0.3X$の限界外部費用曲線で表される被害を受けるとする。(1) 住民に日照に関する権利がある場合と，(2) ビル所有者にビルの高さを決める権利がある場合のそれぞれについて，建設されるビルの高さを求めなさい。

補論　越境汚染

ゲーム理論を用いた分析

双方向の越境汚染

この補論では，越境汚染についてゲーム理論を用いて考えてみましょう。

ここでは，隣接しているため，お互いの環境に影響を及ぼしあう国Aと国Bの行動を考えます。このゲームのプレイヤー（意思決定の主体）は国Aと国Bです。また，このゲームにおける戦略（プレイヤーがとりうる行動）は，大気汚染に対す

CHART 表 3A.1 利得行列(1)――双方向の越境汚染のケース

国A ＼ 国B	対策を行う	対策を行わない
対策を行う	(2, 2)	(−1, 3)
対策を行わない	(3, −1)	(0, 0)

る「対策を行う」と「対策を行わない」の2通りであるとします。

それぞれのプレイヤーが自らの戦略を決定すると，それぞれの利得（利益）が決まります。**表 3A.1** がこのゲームの利得の構造をまとめた利得行列です。**表 3A.1** の4つのマス目には，それぞれカッコ内に2つの数字が並んでいますが，1つ目の数字は国Aの利得，2つ目の数字は国Bの利得を表します。

一方の国の大気汚染が他国にも被害を及ぼしますので，ある国が対策を行うと，もう一方の国にも便益が及ぶとします。これに対して，対策の費用は，対策を実施する国だけが負担するとします。ここでは，ある国が対策を行うと，双方の国に便益3がもたらされますが，対策を行った国は費用4を負担するとします。したがって，もし，双方が対策を行えば，国Aが対策を行うことの便益3と国Bが対策を行うことの便益3の合計である6の便益を両国が得る一方で，両国ともに対策の費用4を負担することになりますので，いずれの国も差し引き2の利得を得ます。

もし，国Aだけが対策を行えば，両国とも，国Aが対策を行うことの便益3を得る一方で，国Aのみが対策の費用4を負担することになりますので，国Aの利得は−1となり，国Bの利得は3となります。同様に，国Bだけが対策を行う場合には，国Bの利得は−1となり，国Aの利得は3となります。もし，両国ともに対策を行わなければ，いずれの国の利得も0です。

このような状況において，国Aは，国Bが対策を行うと予想するならば，自らは「対策を行わない」を選択します。なぜならば，国Bが対策を行う場合に，自らが対策を行えば，両国の利得は（2, 2）となり，自らの利得は2であるのに対して，自らが対策を行わなければ，両国の利得は（3, −1）となり，自らの利得は3となるためです。国Aは，より高い利得が得られる「対策を行わない」という戦略を選択するはずです。

一方，国Aは，国Bが対策を行わないと予想する場合にも，自らは「対策を行わない」を選択します。この場合，自らが対策を行えば，自らの利得は−1であるのに対して，自らが対策を行わなければ，自国の利得は0となります。「対策を行わない」という戦略が合理的な選択です。

すなわち，国Aにとっては，国Bがどのような戦略をとろうとも，「対策を行わない」という戦略をとることが合理的です。このように，他のプレイヤーがどのような戦略をとったとしても，他の戦略をとった場合よりも大きな利得が得られる戦略を**支配戦略**といいます。このゲームでは，国Aと国Bの双方にとって，「対策を行わない」が支配戦略となります。

したがって，このゲームの解（合理的なプレイヤーが選ぶ戦略の組み合わせ）は，両国とも対策を行わないことであり，その結果，両国ともに0の利得を得ることになります。

支配戦略が存在しない場合には，**ナッシュ均衡**の概念を用いてゲームの解を見つけます。すべてのプレイヤーが，他のプレイヤーの戦略に対して最適な戦略を選んでいるとき，それらの戦略の組み合わせをナッシュ均衡といいます。ナッシュ均衡においては，他のプレイヤーが戦略を変更しないかぎり，いずれのプレイヤーも戦略を変更しません。

このゲームにおいて，両国が「対策を行わない」という戦略の組み合わせはナッシュ均衡になっています（一般に支配戦略の組み合わせはナッシュ均衡になります）。たとえば，他のプレイヤーが「対策を行わない」を選択する場合に，自国だけが「対策を行う」に戦略を変更すると，利得は0から−1に減ってしまうため，そのような変更は行いません。また，他の戦略の組み合わせもナッシュ均衡ではありません。たとえば，他のプレイヤーが「対策を行う」を選択するのであれば，自国は「対策を行わない」を選択することで，利得を2から3に増やすことができるためです。したがって，このゲームにおいては，両国ともに「対策を行わない」という戦略の組み合わせが，唯一のナッシュ均衡になります。

しかし，この均衡はいずれの国にとっても最良の結果をもたらしません。もし，両国が対策を行えば，両国とも2の利得が得られるため，両国とも得をすることになります。しかし，両国とも，他のプレイヤーが「対策を行う」という戦略をとるのであれば，自国は「対策を行わない」という戦略をとる方が利得が大きくなるため，このような戦略の組み合わせは実現しません。また，もし両国ともに「対策を行わない」という戦略を選択しているのであれば，この戦略の組み合わせはナッシュ均衡であるため，どちらの国も戦略を変更しません。

このように，両国が「対策を行う」という戦略をとれば，両国ともにより大きな利得が得られるにもかかわらず，それぞれの国が自らの利得を最大化すべく合理的な戦略をとる結果，それが実現できないことになります。このような状況を**囚人のジレンマ**といいます。

環境対策を行うことが社会的に望ましいにもかかわらず，それが行われない均衡が実現するという状況は，共有資源の過剰利用をはじめとして，さまざまな場面で見られます。このようなことが起こるのは，環境対策を行うことの便益は両国に生じるのに対して，環境対策を行うことの費用は対策を実施した国だけが負担することになっているためです。

なお，ここでは1回限りのゲームを想定しましたが，何度も繰り返しゲームを行うことで，各プレイヤーは長期的な利得を最大化するために環境対策を行い，囚人のジレンマが解決される可能性があることが知られています。

一方向の越境汚染――PM2.5のケース

中国のPM2.5によって日本で被害が発生する状況のように，ある国の大気汚染が一方的に他の国に被害を及ぼすような状況を考えましょう。ここでは，国Aの大気汚染が国Bに被害をもたらすが，国Bの大気汚染は国Aに被害をもたらさない状況を考えます。

それぞれの国がとりうる戦略は「対策を行う」と「対策を行わない」の2通りであるとします。国Aが「対策を行う」という戦略をとると，国Aは3，国Bは4の便益を得るのに対して，国Bが「対策を行う」という戦略をとっても，国Aには便益が発生せず，国Bだけが5の便益を得るとします。

また，両国ともに，「対策を行う」という戦略をとるときの費用は4であり，「対策を行わない」という戦略をとるときの便益と費用はともに0であるとします。

もし，国Aと国Bの双方が対策を行えば，国Aは3の便益を得るのに対して，国Bは国Aが対策を行うことによる便益4と国Bが対策を行うことによる便益5の合計である9の便益を得ます。一方で，両国ともに対策の費用4を負担することになりますので，差し引きすると国Aは−1，国Bは5の利得を得ます。

また，もし，国Aだけが対策を行えば，国Aは3，国Bは4の便益を得ます。ここでは，国Aのみが対策の費用4を負担することになりますので，最終的に国Aは−1，国Bは4の利得を得ます。

さらに，もし，国Bだけが対策を行うならば，国Bのみが5の便益を得ますが，対策の費用4を負担することになりますので，差し引きすると国Bは1の利得を得ます。

最後に，もし，国Aと国Bの双方が対策を行わなければ，いずれの国の利得も0です。したがって，このゲームの利得行列は**表3A.2**のようになります。

このような状況において，国Aは，国Bが「対策を行う」と予想するならば，自らはより大きな利得が得られる「対策を行わない」を選択します。この選択は，

CHART 表 3A.2 利得行列(2)――一方向の越境汚染のケース

国A＼国B	対策を行う	対策を行わない
対策を行う	(−1, 5)	(−1, 4)
対策を行わない	(0, 1)	(0, 0)

国Aが，国Bが「対策を行わない」と予想する場合にも同様のものとなります。すなわち，国Aにとって，「対策を行わない」が支配戦略となります。

これに対し，国Bは，国Aが「対策を行う」と予想するならば，自らも「対策を行う」を選択します。また，国Aが「対策を行わない」と予想する場合にも，自らは「対策を行う」を選択します。このように，国Bにとっては，「対策を行う」が支配戦略となります。

したがって，このゲームでは，国Bに被害をもたらす国Aは対策を行わず，国Bだけが対策を行うことがナッシュ均衡になります。もし両国が対策を行えば，両国の利得の合計を最大にできるにもかかわらず，均衡ではそのような状況は達成されません。これは，国境を越えた環境汚染の問題の解決が容易ではないことを示唆しています。

ただし，解決策も考えられます。国Bは，国Aが対策をとっている場合に限り，2の利得を援助などの形で国Aに支払うとすればどうなるでしょうか。国Aは，対策をとると利得が1になります。また，この支払によって国Bの利得は，国Aが対策をとった場合に，2だけ減少します。このような支払によって，両国が対策をとることが支配戦略となることが確認できます。こうした解決策を見つけるのも経済学の役割です。

CHAPTER

第4章

地球温暖化

世界 168 の国・地域が温室効果ガス排出量の削減目標を交渉した京都会議（1997 年。写真：毎日新聞社/時事通信フォト）

INTRODUCTION

本章では，地球温暖化（気候変動）問題について学びます。はじめに，これまでの地球温暖化対策の歩みとパリ協定について紹介します。次に，ピグー税と排出量取引を比較し，いずれの方法でも社会的に最適な排出量が最小費用で達成されることを説明します。また，地球温暖化に対する代表的な政策として，炭素税，排出量取引，二国間クレジット制度，REDD＋を紹介します。さらに，二酸化炭素排出量を負にするための方法として注目されている BECCS や，地球温暖化の被害を最小化するために今後推進が重要になると考えられる適応策を説明します。また，予防原則についても説明します。

1　地球温暖化の現状と歩み

温暖化の仕組みと現状

地球の大気中には，二酸化炭素，メタン，一酸化二窒素，フロン類などの温室効果ガスと呼ばれる気体が存在します。温室効果ガスは，地球が太陽から受け取ったエネルギーを宇宙に放出する際に，その一部を吸収し，地球を温めます。これを温室効果といいます。産業革命以降，大気中の温室効果ガスが増加したことにより温室効果が進み，地球が温暖化しているといわれています。これが**地球温暖化**です。

温室効果ガスのうち，地球温暖化への影響の6割は二酸化炭素によるものと考えられています。**図4.1**は，二酸化炭素濃度の推移を表したグラフです。二酸化炭素濃度は，産業革命前は約280 ppm程度（ppmは100万分の1を表します）でしたが，産業革命以降，人類が石炭などの化石燃料を大量に使用するようになり，現在では約410 ppmにまで増加しています（2019年）。現在の地球の平均気温は，産業革命以前と比較して，すでに約1度上昇しています。

地球温暖化は自然や人間に対してさまざまな影響を与えると予想されています。たとえば，熱帯低気圧の大型化，干ばつや熱波，洪水の増加，海面上昇に伴う高潮の被害拡大，マラリアやデング熱などの伝染病の流行域拡大などが発生することが予想されており，生態系や人間社会に深刻な被害をもたらすことが危惧されています。地球温暖化問題は，正式には気候変動問題と呼ばれ，国際的な専門家によって設立された組織である「気候変動に関する政府間パネル」（IPCC）が5回にわたる報告書を公表してきました。

2014年に取りまとめられたIPCCの第5次報告書によると，何も対策をとらないと，今世紀末には地球の平均気温は，産業革命前と比べて3.7～4.8度上昇すると予想されています。一方で，自然や人間に対する深刻な影響を回避するためには，平均気温の上昇を2度以下に抑える必要があり，そのためには，今世紀半ばまでに世界の温室効果ガスを2010年に比べて41～72％削減する必

CHART 図 4.1 地球全体の二酸化炭素濃度の経年変化

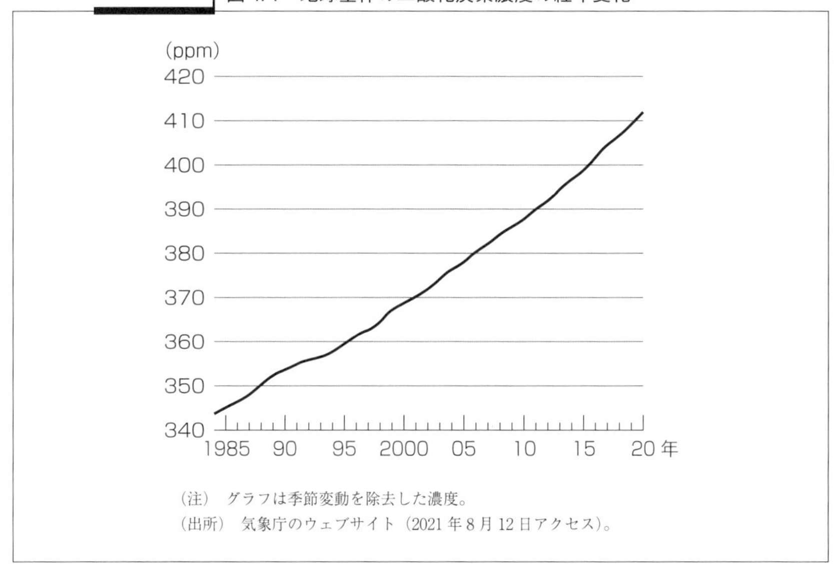

（注） グラフは季節変動を除去した濃度。
（出所） 気象庁のウェブサイト（2021 年 8 月 12 日アクセス）。

要があること，そして今世紀末には排出量をほぼゼロかマイナスにする必要があることが述べられています。

温暖化対策の歩み

1992 年にブラジルのリオデジャネイロで開催された地球サミットで，気候変動枠組条約が採択されました（国際法上の効力を生じる「発効」は 1994 年）。これ以降，この条約を結んだ国が参加する会議（締約国会議）が開かれ，地球温暖化への対策が議論されています。

1997 年に京都で開催された気候変動枠組条約第 3 回締約国会議（COP 3 または京都会議とも呼ばれます）において**京都議定書**が採択されました（発効は 2005 年）。京都議定書では，2008 年から 2012 年のいわゆる第 1 約束期間における温室効果ガスの排出量を，先進国全体で少なくとも 1990 年比 5% 削減するという数値目標が設定され，日本は 6%，アメリカは 7%，EU は 8% の削減義務を負いました。

一方，途上国は削減義務を負いませんでした。当時，世界第 2 位の排出国であった中国や世界第 5 位の排出国であったインドも削減義務を負っていません。

また，これらの主要排出国を含む途上国が参加していないことなどを理由に，世界第1位の排出国であったアメリカは京都議定書から離脱しました。このように，主要な排出国が削減義務を負っていないことが，京都議定書に対する大きな批判です。

産業革命以降，大量の温室効果ガスを排出してきたのは主に先進国であるにもかかわらず，温暖化の被害は島国や海抜の低い脆弱な途上国が先に受けます。それらの国では資金や技術が不足し，十分な対策をとることができない場合が多くあります。一方で，途上国では人口増加と経済発展で温室効果ガス排出量が急増中です。途上国も参加し，世界全体で排出削減に取り組まなければ地球温暖化問題は解決できません。

そこで，気候変動枠組条約では「共通だが差異ある責任」を規定しています。これは，先進国も途上国も責任を負うが，責任の程度は先進国の方が途上国よりも重いとする考え方です。その結果，気候変動枠組条約では，先進国が先に対策をとること，そして，先進国は途上国に対して温暖化対策のための資金や技術を提供することが定められています。「共通だが差異ある責任」の考え方を受け，京都議定書では，先進国のみに数値目標が課せられたとともに，先進国は，後述のクリーン開発メカニズムを通して，途上国の持続可能な開発を支援することになりました。

温室効果ガスは世界中どこで排出されても同様に地球温暖化の原因になりますので，削減費用がより小さい国で削減を行うのが効率的です。そこで，京都議定書では，削減目標達成のために，自国内で削減するだけでなく他国で削減する仕組みも認められました。この仕組みは柔軟性措置あるいは**京都メカニズム**と呼ばれています。京都メカニズムとは，排出量取引，共同実施（JI），クリーン開発メカニズム（CDM）の3つを指します。

（国際的な）**排出量取引**とは，先進国全体での温室効果ガスの総排出量を定め，それを各国に排出枠として配分したうえで，必要に応じて排出枠を取引することを認める制度です。

共同実施（Joint Implementation：**JI**）とは，複数の先進国が資金・技術面で協力して，共同で温室効果ガスの排出削減または吸収促進事業に取り組み，削減された排出量を各国が自国の削減量として利用できる制度です。

クリーン開発メカニズム（Clean Development Mechanism：CDM）とは，先進国の資金や技術支援により，途上国で排出削減または吸収促進事業を実施し，その結果生じる削減量の一部を先進国が自国の削減量として利用できる制度です。

京都議定書からパリ協定へ

日本は，1998 年に，京都議定書の目標を達成するための国，地方自治体，企業などの責任と取り組みを定めた地球温暖化対策推進法を成立させました。また，2005 年には，京都議定書の目標達成に必要な措置を定めた京都議定書目標達成計画を策定しました。

取り組みの結果，日本における第 1 約束期間（2008〜12 年）の 5 カ年平均の総排出量は，基準年比で 1.4% の増加となりましたが，これに京都メカニズムを利用した削減量等を加えると，5 カ年平均で基準年比 8.4% の減少となり，京都議定書の目標（基準年比 6% 削減）を達成することができました。

京都議定書の第 1 約束期間終了後には，EU など一部の国・地域が削減義務を継続して負う第 2 約束期間（2013〜20 年）に入りました。ただし，日本，ロシア，ニュージーランドなどは京都議定書の延長に反対し，参加しませんでした。

京都議定書に続く，地球温暖化に対する新たな国際的枠組みの策定に向けて議論が行われてきました。そこでは，京都議定書に参加しなかったアメリカや削減義務を負っていなかった新興国・途上国も含め，すべての主要排出国が参加する新しい枠組みを作ることがめざされてきました。2015 年にパリで開催された COP 21 で，京都議定書に代わる 2020 年以降の新たな枠組みとして，**パリ協定**が採択されました。パリ協定には新興国・途上国も含め気候変動枠組条約に加盟するすべての国が参加しています。パリ協定では，産業革命前からの気温上昇を 2 度未満に抑制すること，ならびに 1.5 度に収まるよう努力することが決まりました。また，そのために，できるかぎり早期に世界の温室効果ガス排出量を減少に転じさせ，今世紀後半には，人間活動からの温室効果ガスの排出量を実質的にゼロとする（植林などにより人為的に吸収できる分までに抑える）ことをめざすことや，すべての国が削減目標を 5 年ごとに提出・更新するとともに，更新された削減目標は，前期のものよりも進展させることなどが決まりました。

日本は，2030年までに2013年度比で46%の削減をめざす方針を打ち出しました。アメリカは2030年までに2005年比で50〜52%の削減，EUは1990年比で55%以上の削減という目標値を設定しています。

 排出量取引の経済分析

初期配分の違いによる企業の負担の差

ここでは，第3章で説明した排出量取引についてより詳しく説明します。以下では，排出主体として企業を想定しますが，排出主体が国の国際排出量取引においても同様の議論が成り立ちます。

初期配分が企業の負担に及ぼす影響を考えてみましょう。初期配分として配布される排出枠の量が多いほど，企業の負担は小さくなります。このことを初期配分量が異なる3つのケースの比較により確認しましょう（図4.2）。

ケース1として，無償での配布がまったく行われない場合を考えましょう。これはすべての排出枠を購入しなければならないオークション方式に相当します。排出枠の価格がP^*のとき，この企業はE^*まで削減を行います。このとき，削減費用はAE^*E_0となります。一方，この企業はE^*だけの排出枠を購入します。排出枠の購入費用はP^*AE^*Oとなります。したがって，この場合の企業の負担額はOP^*AE_0です。

次に，ケース2として，無償での配布は行われますが，配布される排出枠の量が，この企業にとって最適な排出量E^*よりも少ないE_2の場合を考えましょう。このときは，削減費用はAE^*E_0，排出枠の購入費用はBAE^*E_2となりますので，企業の負担額はBAE_0E_2です。

最後に，ケース3として，無償での配布が行われますが，配布される排出枠の量が，この企業にとっての最適な排出量E^*よりも多いE_3の場合を考えましょう。この場合の企業の負担額は$AE^*E_0-ACE_3E^*$（$=DE_3E_0-ACD$）です。

図 4.2　初期配分の違いによる企業の負担の差

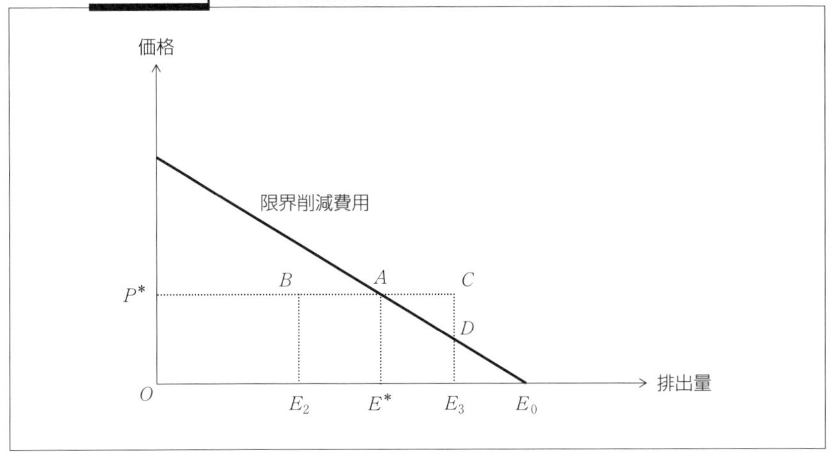

内訳は，削減費用が AE^*E_0，排出枠の販売収入が ACE_3E^* です。

3つのケースの比較から，より多くの排出枠が無償で配分された場合ほど，企業の費用負担は小さくなることが確認できるでしょう。このため，企業はすべての排出枠を購入しなければならないオークション方式よりも，初期配分として一定の排出枠を受け取ることができる無償配分方式の方を好みます。

無償配分方式とオークション方式には，それぞれ問題があります。無償配分方式には，誰しもが納得する初期配分を決める方法がありません。過去の排出量に応じて排出枠の配分を決定すると（この配分方法をグランドファザリングといいます），これまでに努力して排出を削減した企業には少なく配分され，対策が遅れている企業には多く配分されるので，公平でないという問題があります。一方，オークションの場合には，必要とする企業に多くの排出枠を割り当てることができるというメリットがある一方で，企業の負担が大きいという問題があります。

なお，初期配分としてどれだけの排出枠が与えられても，最適な排出量は E^* のままで変わりないことに注意が必要です。初期配分量は限界削減費用を変化させるわけではありませんので，企業にとって最適な排出量は変わりません。ただし，初期配分は，誰がどれだけ負担するかという分配には影響します。

CHART 図 4.3 排出枠発行量と税額の決定

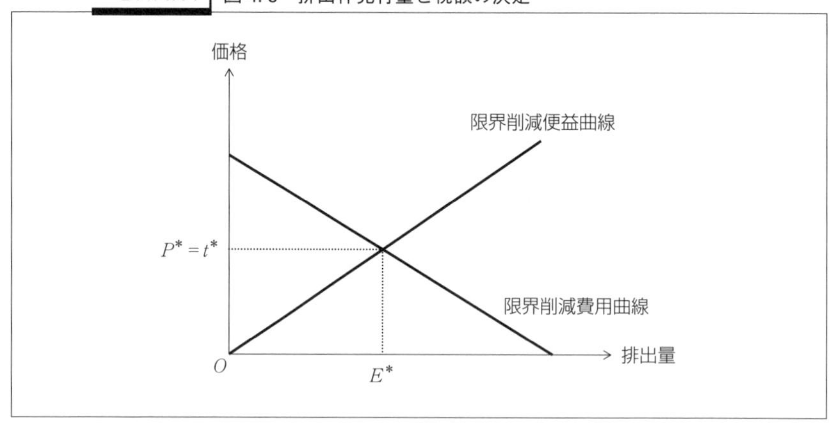

排出量取引とピグー税の比較

ピグー税では，政府は社会的に最適な排出量が達成されるような税額を決定します。一方，排出量取引では，政府は社会的に最適な排出量が達成されるように，排出枠の発行量を決定します。

図 4.3 には社会の限界削減便益曲線と限界削減費用曲線が描かれています。排出量を削減することの便益は，もし排出していたら発生していた外部費用を発生させずにすむことです。したがって，排出による限界外部費用曲線は限界削減便益曲線と読み替えることができます。また，排出量を減らすために失う利潤，すなわち機会費用が，削減の費用です。したがって，排出による限界利潤曲線は限界削減費用曲線と読み替えることができます。社会的に最適な排出量は，限界削減便益曲線と限界削減費用曲線が交わる排出量 E^* となります。

ピグー税で社会的最適排出量 E^* を達成するためには，E^* における限界削減費用に等しい，排出 1 単位につき t^* の税を課せばいいことになります。一方，排出量取引の場合には，E^* だけの排出枠を発行し，それを各排出主体に配分すればいいことになります。このとき，排出枠の価格 P^* はピグー税の税額 t^* と一致します。なぜならば，排出枠の価格 P が t^* より安いと，P は排出量が E^* の場合の限界削減費用より安くなり，企業にとっては削減するよりも排出枠を購入した方が得になるため，排出枠の需要が増加します。その結果，排出

CHART 図 4.4 排出量取引とピグー税の比較（不確実性がない場合）

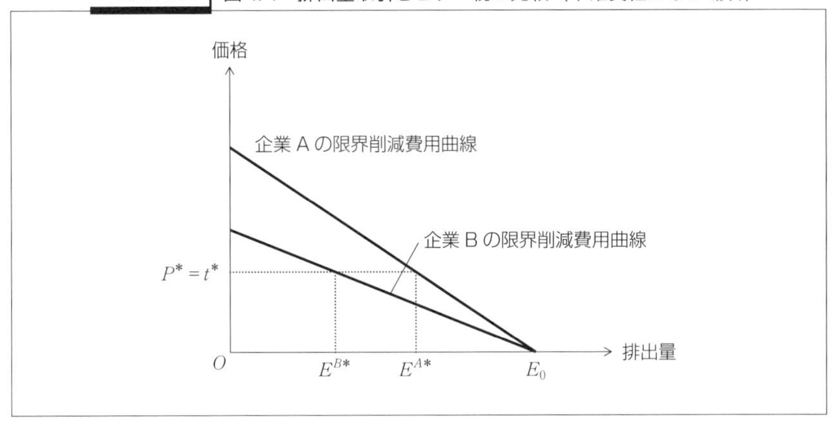

枠の価格は上昇します。逆に，排出枠の価格 P が t^* より高いと，P は排出量が E^* の場合の限界削減費用より高くなり，企業にとっては排出枠を購入するより削減した方が得になるため，排出枠の需要は減少します。その結果，排出枠の価格は下落します。以上のことから，排出枠の価格 P^* は t^* に一致します。

ピグー税の税額と排出量取引の排出枠の価格が同じ場合，いずれの場合にも社会的に最適な排出量が達成されます。また，ピグー税と排出量取引のいずれにおいても，限界削減費用均等化が達成されますので，第 3 章で説明したとおり社会的な費用最小化が実現します（図 4.4）。このように，ピグー税と排出量取引は同じ効果を持ちます。ただし，ここでの議論は，限界削減便益と限界削減費用が正確に把握できている場合の話です。これらの情報が正確に把握できておらず，不確実性が存在する場合には，第 5 章で説明するとおり，ピグー税と排出量取引は異なる効果をもたらします。

以上より，排出量取引は，社会的に最適な排出量を達成するとともに，各企業の限界削減費用を均等化する手段であることがわかりました。限界削減費用を均等化しますので，目標達成のための社会全体の費用は最小となります。ただし，政府は，各企業の排出量が保有する排出枠を超えていないかをモニタリングする必要があります。

3 地球温暖化に関する制度と政策

炭素税

さまざまな国で，税制を利用した温暖化対策が実施されています。国によって名称は異なりますが，**炭素税**あるいは**環境税**と総称されています。炭素税は，二酸化炭素を排出させるエネルギーの使用に対して，二酸化炭素の排出量に応じて課税するものです。これにより，エネルギーの価格を上昇させ，使用を抑制し，その結果，二酸化炭素の排出を減少させます。海外では，1990年代に北欧諸国で相次いで炭素税が導入され，その後，ヨーロッパを中心に多くの国で同様の制度が導入されました（表4.1）。

日本では，2012年10月から，**地球温暖化対策税**が施行されています。これは，石油，石炭，天然ガスなどのすべての化石燃料に対して，二酸化炭素の排出量に応じて課税するものです。化石燃料ごとの二酸化炭素排出原単位（化石燃料1単位の使用により排出される二酸化炭素の量）に基づき，二酸化炭素排出量1トンあたりの税金が289円になるよう，それぞれの化石燃料の単位量（キロリットルまたはトン）あたりの税率を設定しています。これにより，2020年には約600万トン～約2400万トンの二酸化炭素削減が見込まれています（みずほ情報総研の試算）。平均的な世帯で月100円程度，年1200円程度の負担が発生すると試算されています（環境省の試算）。また税収は，年間2623億円と試算されています。この税収は，省エネルギー対策や再生可能エネルギーの普及をはじめとしたエネルギー起源の二酸化炭素排出を抑制するための諸施策を実施するために使われます。

排出量取引

世界で最も長い歴史を持つ排出量取引は，EUの排出量取引制度（EU-ETS）です。2005年に第1期がスタートし（2005～07年），第2期（2008～12年），第3期（2013～20年）を経て，現在は第4期（2021年～）です。EU-ETSでは，第1

CHART　表 4.1　主な炭素税導入国の税収使途・減免措置（2018 年 3 月時点）

国名	導入年	税率（円/tCO_2）	税収規模（億円[年]）	財源	税収使途	減免措置
日本（地球温暖化対策税）	2012	289	2,600 [2016 年]	特別会計	・省エネ対策，再生可能エネルギー普及，化石燃料クリーン化等のエネルギー起源 CO_2 排出抑制	・輸入・国産石油化学製品製造用揮発油等
フィンランド（炭素税）	1990	7,880（62 ユーロ）	1,702 [2017 年]	一般会計	・所得税の引き下げおよび企業の雇用にかかる費用の軽減	・石油精製プロセス，原料使用，航空機・船舶輸送，発電用に使用される燃料は免税。熱電供給は減税，バイオ燃料は減税，エネルギー集約型産業に対し還付措置
スウェーデン（CO_2 税）	1991	15,130（119ユーロ）	3,237 [2016 年]	一般会計	・炭素税導入時に，労働税の負担軽減を実施。2001〜04 年の標準税率引き上げ時には，低所得者層の所得税率引き下げ等に活用	・EU-ETS 対象企業，発電用燃料および原料使用は免税，熱電供給は免税 ・EU-ETS 対象外の企業に軽減税率が適用されたが，2018 年に本則税率に一本化
デンマーク（CO_2 税）	1992	2,960（173.2 クローネ）	608 [2016 年]	一般会計	・政府の財政需要に応じて支出	・EU-ETS 対象企業およびバイオ燃料は免税
スイス（CO_2 税）	2008	11,210（96 スイスフラン）	1,171 [2015 年]	一般会計（一部基金化）	・税収 1/3 程度は建築物改装基金，一部技術革新ファンド，残りの 2/3 程度は国民・企業へ還流	・国内 ETS に参加企業は免税 ・政府との排出削減協定達成企業は減税 ・輸送用ガソリン・軽油は課税対象外
アイルランド（炭素税）	2010	2,540（20 ユーロ）	547 [2016 年]	一般会計	・赤字補填に活用	・ETS 対象産業，発電用燃料，農業用軽油，熱電供給（産業・業務）等は免税
フランス（炭素税）	2014	5,670（44.6 ユーロ）	7,627 [2017 年見込値]	一般会計／特別会計	・一般会計から競争力・雇用税額控除，交通インフラ資金調達庁の一部，およびエネルギー移行のための特別会計に充当	・EU-ETS 企業は 2013 年の税率，エネルギー集約型産業は 2014 年の税率を適用 ・原料使用，特定の非鉱物製造工程，発電用燃料等は免税
ポルトガル（炭素税）	2015	900（6.85 ユーロ）	121 [2015 年]	一般会計	・所得税の引き下げ（予定） ・一部電気自動車購入費用の還付等に充当	・農業・漁業等は減税 ・EU-ETS 対象企業は免税
カナダ（炭素税）	2008	2,630（30 カナダドル）	1,054 [2016 年]	一般会計	・法人税や所得税の減税等に活用（税収中立）	・州外に販売・輸出される燃料，越境輸送に使用される燃料，農業用燃料，燃料製造用原料使用等は免税

（注）税率は 2017 年 3 月時点。税収は取得可能な直近の値。為替レートは 2015〜17 年の為替レート（TTM）の平均値。カナダの炭素税はブリティッシュ・コロンビア州で導入されているもの。
（出所）環境省資料「諸外国における炭素税等の導入状況」（2018 年）をもとに作成。

Column ❹-1　DICE モデルと炭素税

2018 年のノーベル経済学賞を受賞した 1 人がイェール大学のウイリアム・ノードハウス（1941-）です。ノードハウスは地球温暖化の経済学を創始し，早くから炭素税を提唱して発展させてきました。より説得力を持つ提唱を行うために工夫を重ね，のちに DICE モデル（Dynamic Integrated Climate-Economy model：気候と経済の動学的統合モデル）と呼ばれる全世界モデルを 1993 年に構築しました。

このモデルの特徴は，炭素排出の被害を現在から将来にわたる経済モデルに組み入れていることです。炭素を排出することの被害は，排出された炭素が大気に蓄積され，平均気温が上昇することによって，将来に発生します。DICE モデルは，現在から遠い将来まで続く経済と，現在の炭素排出が将来に影響を持つまでの連関を具体的に記述するものです。そのイメージを簡単に説明しましょう（図 1）。

DICE モデルでは，今日の国内総生産（GDP）は，技術，人工資本と労働人口の水準によって決まります。人工資本ストック水準が高いほど生産量は大きくなります。また，人々の福利は消費水準と温暖化の程度（大気中の CO_2 濃度により決定される，産業革命前と比較した地球平均気温の上昇幅）によって決まります。消費水準が高いほど生活水準が豊かになり，また温暖化の程度が低いほど被害が小さく人々の福利は大きくなります。そして，今日と将来の経済は，次の 2 つの点で結びつきを持っています。1 つは，今日の投資水準（GDP から消費水準を引いたもの）が将来の人工資本ストックの水準を決めるということです。さらに，炭素排出量は GDP と比例関係にあると設定されています。排出された炭素の一部は陸上と海洋で吸収される一方で，残りは大気に蓄積され平均気温の上昇に影響を与えます。この気温上昇によって被害が発生するのです。もちろん，削減努力を行うことで排出量を減らすことができますが，削減量に応じて GDP が減ることになります。この GDP の減少が削減費用です。

このモデルで，今日から将来にわたる人々の福利を考慮して毎年の削減量を決定します。これを炭素税により実現することをノードハウスは提唱してきました。炭素税が高いほど今日の消費量は減り，人々の福利は小さくなりますが，炭素削減を通じて将来の人々の福利は大きくなると考えられます。ノードハウスが，DICE モデルの改良を重ねながら導き出した最適な今日の炭素税は，炭素 1 トン（＝二酸化炭素約 3.7 トン）あたり 37 ドルほどです。これは，ガソリン 1 リットルあたり約 2.6 円に相当します。この最適炭素税は年率約3% で上昇し，2050 年には 51 ドルになるとされます。

もっとも，このような水準の炭素税でも，2100 年の平均気温上昇は 3.5 度にもなり，国際社会の目標とする 2 度未満を達成できません。ノードハウスによれば，2 度未満にすることは，きわめて高い炭素税を導入することを意味してしまうのです。ノードハウスの研究は，現在の国際社会の 2 度未満という目標達成には，いかに大きな努力と費用が必要かを示しています。

図 1　DICE モデルの図示

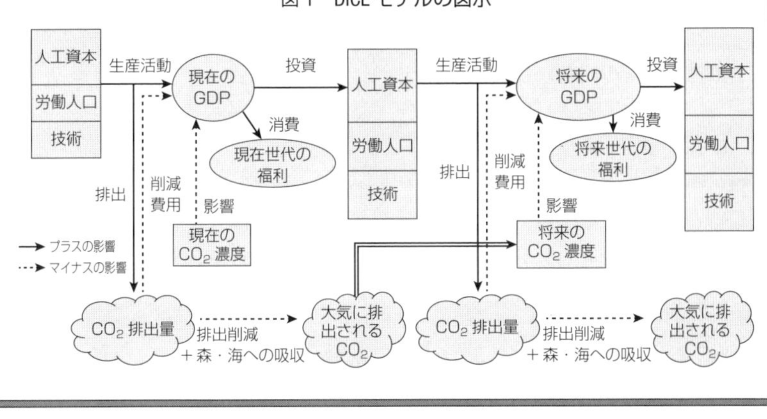

期と第 2 期には初期配分の方法として無償配分方式が採用されていましたが，第 3 期からはオークション方式が採用されています。

アメリカやカナダでは州レベルの排出量取引が実施されており，スイス，ニュージーランド，カザフスタン，韓国，中国などでも国内排出量取引が実施されています。このように，世界の排出量取引の市場規模は急速に拡大しています。

日本でも，国内排出量取引制度に関する議論が行われていますが，まだ実施されていません。これまでに，東京都と埼玉県による地方自治体レベルの排出量取引制度と，環境省による自主参加型国内排出量取引制度が実施されています。後者は，国内排出量取引制度に関する知見や経験を蓄積することを主な目的として実施されました。この制度への参加は自主的なものです。参加する企業は，一定量の削減を約束して，省エネ設備等の導入に対する補助金と排出枠を受け取ります。補助金により導入した設備を活用して排出削減に取り組むとともに，必要に応じて，他の参加者と排出枠を取引します。

近年，炭素税や排出量取引など，二酸化炭素排出量に応じて企業や家計に費用負担を求める仕組みは，**カーボン・プライシング**（炭素の価格づけ）と総称されています。二酸化炭素の排出抑制を目的として，カーボン・プライシングに関する議論が活発化しており，今後，日本でも，国内排出量取引の導入や地球温暖化対策税の税率引き上げ・新税の導入などに関する議論が進むものと考えられます。

二国間クレジット制度（JCM）

二国間クレジット制度（Joint Crediting Mechanism：JCM）は，日本が主導して構築した仕組みで，先進国の優れた低炭素技術等を途上国に普及させることで，途上国における温室効果ガスの排出削減や吸収に貢献するとともに，その結果生じる削減量の一部を先進国が自国の削減量として利用することを認める制度です（図 4.5）。

先進国と途上国が協力して，途上国で削減事業を行うケースなどが考えられます。先進国 A は技術や資金はあるが，すでに省エネやクリーンな技術の採用をかなり行っており，削減の余地が少ないとしましょう。これ以上の削減を行おうと思えば，相当の削減費用がかかります。一方，途上国 B は，まだ削減の取り組みをあまり行っておらず，削減の余地がたくさん残っているとしましょう。このとき，途上国 B の限界削減費用は，先進国 A の限界削減費用よりもずっと低いでしょう。

たとえば，途上国では，いまだにエネルギーをたくさん消費し，二酸化炭素をたくさん排出する旧型の火力発電所が使われている場合があります。これを先進国の技術と資金で，先進国の最新のクリーンな火力発電所に入れ替えることで，二酸化炭素の排出量を大幅に削減することができます。

このような場合，それぞれの国単独では，削減の取り組みを実施することはできないか，あるいは高いコストがかかります。しかし 2 国が協力すれば，先進国 A の技術や資金と，途上国 B の削減余地を利用して，途上国 B で削減事業が実施できます。その結果得られた削減量の一部を，先進国 A の削減量として認めます。先進国 A が自国で削減を行うよりも安い費用でこのような取

CHART 図 4.5 二国間クレジット制度の仕組み

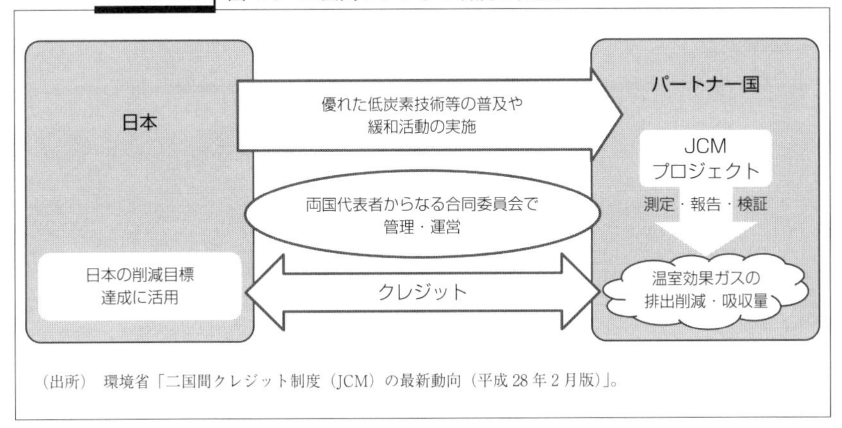

（出所） 環境省「二国間クレジット制度（JCM）の最新動向（平成28年2月版）」。

り組みを行うことができるのであれば，先進国Aにとって合理的なことです。

また，途上国Bは最新の技術を移転してもらったり，投資を獲得できたりしますので，途上国Bにとってもメリットがあります。このように，先進国だけ，あるいは途上国だけでは対策をとることが困難ですが，先進国と途上国が協力することで，効率的な対策が可能となる場合があります。

2021年2月時点で，日本はモンゴルやバングラデシュなど17カ国とJCMを構築しています。

REDD＋（レッドプラス）

途上国の森林減少と劣化は地球温暖化の大きな要因になっています。減少や劣化により樹木や土壌に蓄えられていた炭素が大気中に放出されるからです。

森林減少は，農地や牧場にするために森林を転換することが主な理由です。このことは，もし，森林を転換するよりも大きな収益が森林保護により得られるとしたら，転換を停止することを意味するでしょう。この観点から，2005年にパプアニューギニアとコスタリカの提案から発展したメカニズムが **REDD＋**（Reducing Emissions from Deforestation and Degradation：レッドプラス：森林減少と劣化を抑制することによる温暖化ガス削減）です。＋は炭素蓄積量の増加を実現する，持続可能な森林管理などを意味します。

REDD＋は，途上国が森林を減らすことを前提にしたうえで，森林保全努力

CHART 図 4.6 REDD＋の仕組み

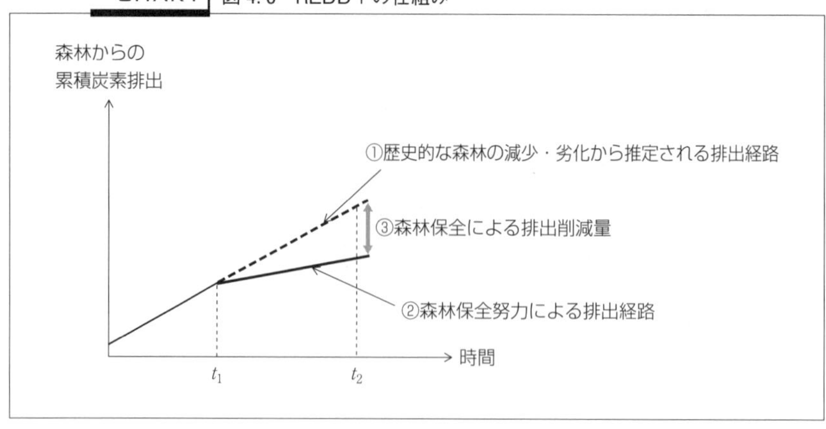

によって森林減少・劣化を改善すれば，二酸化炭素排出が減った分を削減量として評価しようとするものです。図 4.6 では，森林が減少・劣化し，森林からの二酸化炭素が時間とともに増え続けています。何もしなければ，①の排出経路をたどりますが，時点 t_1 で森林保全努力を開始すると，森林減少・劣化の速度が遅れ，②の排出経路に変化します。時点 t_2 で，期間 t_2t_1 の排出量の差である③を削減量と考えようとすることです。この削減量を二酸化炭素排出枠として，先進国に売却するシステムが考えられており，その場合は，森林保全は収益をもたらすことになります。REDD＋は，森林保全の経済的インセンティブを与え，二酸化炭素削減だけではなく，生物多様性保護も実現する可能性のあるメカニズムといえるでしょう。

4 地球温暖化に対する多様なアプローチ

ネガティブ・エミッションと BECCS

IPCC の第 5 次報告書では，世界の人為的な二酸化炭素累積排出量と産業革命以降の地球平均気温上昇には強い関係があり，かつ，それがほぼ比例関係であることが示されました。この関係からは，平均気温上昇をある範囲内に抑えようとするならば，今後，将来にわたる総排出量には上限が設けられることになります。2100 年までの地球平均気温上昇を，目標気温上昇幅に抑えるための二酸化炭素総排出量は**カーボン・バジェット**（**炭素予算**）とも呼ばれます。さらに，このカーボン・バジェットの残された総排出量を残余カーボン・バジェットと呼びます。2017 年末までの累積排出量はすでに約 2.23 兆トンに達しています。2 度未満に 67% の確率で抑えるためには 2018 年以降に排出可能な二酸化炭素量は，約 1.17 兆トンということになります。

2017 年の世界の二酸化炭素排出量は，森林伐採などの土地利用変化を含めると約 420 億トンです。つまり，この排出量を続けていくならば，わずか 25 年でバジェットを使い果たしてしまうことになります。したがって，早い段階で二酸化炭素排出を減らしていくことが必須です。今日，排出量をゼロにすることを超えて，**ネガティブ・エミッション**という，毎年の排出量を負にすることが提唱されています。

ネガティブ・エミッションは，大気中の二酸化炭素を人為的に吸収し，さらにその吸収量が排出量より大きくなることをいいます。このことが実現できるならば，累積排出量は増えるのではなく，減少していくことになるでしょう。

その手段として考えられているのが，**BECCS**（Bioenergy with Carbon Capture and Storage：バイオエネルギーと炭素回収貯留）です。BECCS は，まず，植林により大気中の二酸化炭素を吸収し，成育した木をバイオエネルギーの原料として燃やし，エネルギーを生産します。さらに，その際，放出される二酸化炭素を CCS（Carbon Capture and Storage：炭素回収貯留）によって捕らえ地中に貯留します。

したがって，このプロセスでは，大気中の二酸化炭素が時間とともに地中に埋められていくことが理解できるでしょう。また，バイオ燃料が化石燃料を代替することで，二酸化炭素の排出も減少します。BECCS は，途上国で展開されることが期待されるもので，二酸化炭素の削減費用が十分に低いものであると推定されています。**図 4.7** は，大気中の二酸化炭素濃度を目標値まで低下させるためには，どれだけの費用がかかるかを，以下に述べる方法で比較して調べたものです。

1 つは，CCS を用いずに減らす方法，さらに化石燃料を燃やすときに CCS

図 4.7　二酸化炭素濃度を目標値まで低下させるのにかかる追加的費用

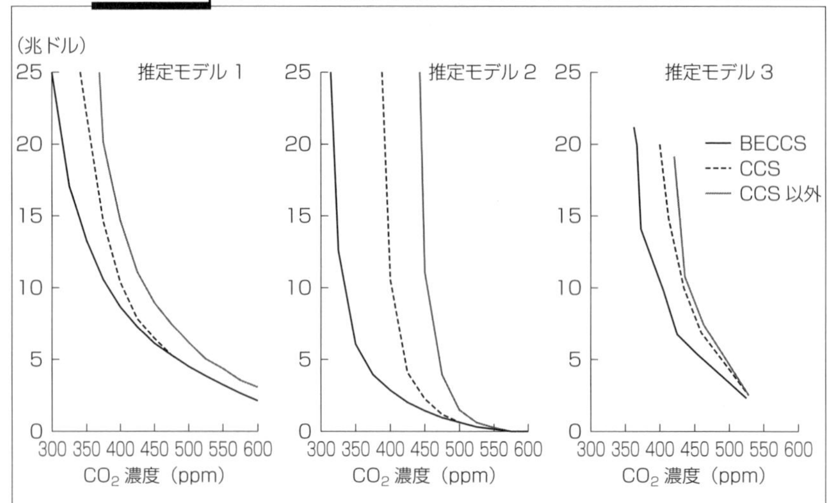

（出所）Azar, C. et al.（2010）"The feasibility of low CO_2 concentration targets and the role of bio-energy with carbon capture and storage（BECCS)," *Climate Change*, 100, 195-202 より一部修正。

を用いる方法，最後が BECCS です。図を見ると，推定しているモデルによらず，いずれも BECCS が低くなることがわかります。2 度目標を実現するためには，大気中の二酸化炭素濃度を 400 ppm 以下にすることが求められます。400 ppm にする費用は莫大なものですが，BECCS が圧倒的に低くなります（いずれの試算でも 10 兆ドル以下になります)。このため，BECCS が有力な削減手段として注目されているのです。2050 年には，BECCS によって 100 EJ の発電（＝2012 年世界エネルギー使用量の 4 分の 1）が実現可能と予測されています（J〔ジュール〕はエネルギーの大きさを表す単位。1 EJ〔エクサジュール〕＝10^{18} J＝0.0258×109 原油換算 kℓ)。

BECCS はネガティブ・エミッションを実現するとともに，再生可能エネルギーの普及を促進したり，途上国の貧困地帯の発展に資したりする効果も期待されています。しかし，一方で，十分な植林のためには莫大な面積の土地が必要になるなど，実現可能性については議論の余地があります。

CHART 図 4.8 緩和と適応

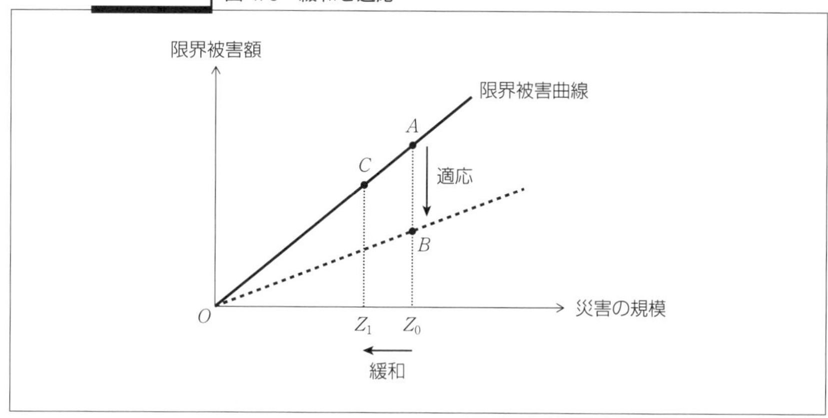

緩和と適応

地球温暖化への対策には，**緩和**（mitigation）と**適応**（adaptation）があります。緩和とは，温室効果ガスの排出削減と吸収の対策を行うことで，省エネの取り組みや，再生可能エネルギーの普及，二酸化炭素の回収・蓄積，植物による二酸化炭素の吸収源対策などが例としてあげられます。

一方，すでに進行しつつある地球温暖化の被害を最小限に抑えるための対策を適応といい，地球温暖化により増加する自然災害に備えたインフラ整備，熱中症や感染症への対策，高温に強い農作物の品種開発などが例としてあげられます。近年は，自然の働きを防災や減災に活用するグリーン・インフラが注目されています。グリーン・インフラについては Column ❹-2 で詳しく説明します。

図 4.8 は，横軸に地球温暖化に起因する自然災害の規模，縦軸に限界被害額をとり，自然災害による限界被害曲線を描いたものです。緩和により自然災害の規模を Z_0 から Z_1 に縮小させることで，限界被害は点 A の高さから点 C の高さに減少します。また，緩和により自然災害の規模を Z_0 から Z_1 に縮小させることの効果は四角形 AZ_0Z_1C で表されます。このように，緩和は限界被害曲線上の点を左に移動させることと考えることができるでしょう。

一方，適応は，自然災害がもたらす被害を軽減するものですので，限界被害

Column ❹-2　グリーン・インフラ

地球温暖化により激化する集中豪雨の水害対策（適応策）や津波に対して，自然を活用して減災を行う Eco-DRR（Ecosystem-based Disaster Risk Reduction）は，今後の防災政策の重要な柱の 1 つになるでしょう。

防災面に限らず，水質浄化や環境教育の場として，自然はさまざまなサービスを提供してくれます。このため，自然を多くあるいは全面的に取り入れたインフラは**グリーン・インフラ**と呼ばれます。

森林は，防災インフラとしてのグリーン・インフラの代表的なものです。一般に，森林は雨を溜め込み河川への流入を制御してくれます。また，マングローブ林は，津波・高波や沿岸浸蝕を緩和してくれます。

人工構造物のインフラはグレー・インフラとも呼ばれます。グレー・インフラとグリーン・インフラは，ハザード（洪水）に対する防災機能の性質が異なることが知られています。グレー・インフラは，ある一定水準の水量までは完全に防御しますが，その水準を超えると崩壊し水量をまったく制御できなくなります（図 1）。一方，グリーン・インフラは，どの水量に対しても完全制御はできませんが，常に一部を抑制してくれます（図 2）。グレー・インフラとグリーン・インフラをミックスさせたハイブリッド・インフラは，それぞれの長所を活用した効果的なインフラになるでしょう。

（参考文献）　Onuma, A. and T. Tsuge（2018）“Comparing Green Infrastructure as Ecosystem-based Disaster Risk Reduction with Gray Infrastructure in Terms of Costs and Benefits under Uncertainty: A Theoretical Approach,” *International Journal of Disaster Risk Reduction*, 32, pp. 22-28.

図 1　グレー・インフラ　　図 2　グリーン・インフラ

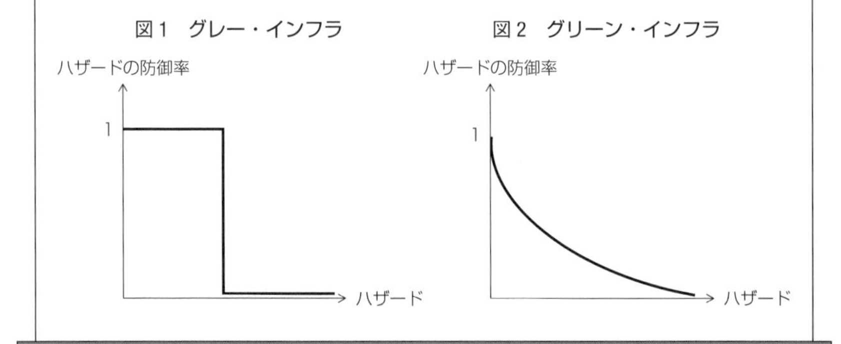

CHART 表 4.2 地球温暖化の費用

	状況 X (対策を実施しないと深刻な被害が発生)	状況 Y (対策を実施しなくても深刻な被害は発生せず)	最大の費用
対策を実施する	費用＝D'＋対策の費用 (C)	費用＝D'＋対策の費用 (C)	$D'+C$
対策を実施しない	費用＝D	費用＝D'	D

曲線を下にシフトさせることと考えることができるでしょう。適応により被害を軽減することの効果は三角形 OAB で表されます。

これまでの地球温暖化対策は緩和が中心でしたが，一定の地球温暖化は避けられない状況となっていますので，その被害を最小化するために，今後は適応策の推進が重要になると考えられます。

予防原則

地球温暖化に関しては，いまだ科学的知見が十分とはいえません。しかし，地球温暖化は，生物種の絶滅を含む不可逆的な影響をもたらす可能性があります。このように不可逆的な被害のおそれがある場合には，科学的知見が不足しているからといって，費用対効果の大きい予防対策を延期してはならないという考え方は**予防原則**と呼ばれます。予防原則の考え方は，1969 年に初めてスウェーデン環境保護法に登場し，その後，1992 年の地球サミットで採択された「アジェンダ 21」の中で，重要な行動原則として記載されました。以後，各国の環境政策で用いられています。

地球温暖化対策を実施しない場合に深刻な被害が発生するかどうかが不明であり，どれだけの確率で深刻な被害が発生するかもわからない状況を考えましょう（表 4.2）。

政策当局が，地球温暖化対策を実施するか実施しないかの選択を行うとします。状況には 2 通りあり，状況 X では対策を実施すれば深刻な被害（D）を軽微な被害（D'）にすることができますが，対策を実施しないと深刻な被害が発生するとします。状況 Y では，対策を実施しても実施しなくても深刻な被害は発生せず，被害は十分小さい D' であるとします。また，対策に必要な費用

を C とします。

予防原則の１つの定式化は，それぞれの選択肢の最悪の状況を比較して，よりましな政策（ここでは最大の費用を比べ，小さい方）を選択するというものです。このような政策決定基準は，**マキシミン基準**と呼ばれます。

対策を実施する場合，費用は状況 X でも状況 Y でも $D'+C$ です。対策を実施しない場合，最悪の費用は D です。これらを比較することは，$D-D'$ と C を比較することと同じです。$D-D'$ は対策を実施することで回避できる被害です。すなわち，対策の便益です。C は対策を実施するための費用です。前者が後者よりも大きければ，対策を実施することが選択されます

地球温暖化問題が国際的に議論され始めた当初は，そもそも，このまま温室効果ガスの排出が続けば地球温暖化が起こるという予測にさえ多くの疑問が投げかけられました。そうした科学的知見が不足している中で京都議定書などの採択がされたことは，予防原則の考え方が国際社会に一定の影響力を持っていたと見ることもできるでしょう。

SUMMARY ●まとめ

□ 1 二酸化炭素などの温室効果ガスの排出により地球温暖化が起きています。すでに産業革命以前と比較して，地球の平均気温は約 1 度上昇しました。現在，世界は上昇幅を 2 度未満に抑えるための努力を行っています。

□ 2 地球温暖化問題への国際的な取り組みは，1992 年に誕生した気候変動枠組条約から始まり，1997 年には京都議定書が，そして 2015 年にはパリ協定が合意されました。

□ 3 温室効果ガスの排出削減を効果的に行う手段として，炭素税，排出量取引，二国間クレジット制度，REDD＋が生まれています。これらは，限界削減費用を均等化したり，限界削減費用の低い国で削減を促進する役割を果たします。

□ 4 排出削減の他に，温暖化対策には，被害を軽減する適応策や，ネガティブ・エミッションを実現する手段として期待されている BECCS があります。

□ 5 予防原則は，温暖化対策をはじめ，多くの環境政策に取り入れられている考え方です。

EXERCISE ● 練習問題

4-1 以下の文章の空欄に四角の中から数字や言葉を選んで文章を完成させなさい。

（Ⅰ） 京都議定書では，2008 年から 2012 年の間に，温室効果ガスの排出量を先進国全体で少なくとも 1990 年比（ 1 ）% 削減することを目標とすることが決まった。なお，国・地域別に見ると，EU は（ 2 ）%，アメリカは（ 3 ）%，日本は（ 4 ）% の削減義務を負うこととなった。

①3 ②4 ③5 ④6 ⑤7 ⑥8 ⑦9 ⑧10

（Ⅱ） 2015 年に開催された COP（ 5 ）で，2020 年以降の温暖化対策の新たな国際的枠組みである（ 6 ）が採択された。（ 6 ）では，産業革命前からの気温上昇を（ 7 ）度未満に抑制するという目標が掲げられ，さらに，（ 8 ）度に収まるよう努力することが明記された。日本は 2030 年までに 2013 年度比で温室効果ガスを（ 9 ）% 削減することをめざす方針である。

①京都議定書 ②パリ協定 ③気候変動枠組条約 ④1 ⑤1.5 ⑥2 ⑦3 ⑧20 ⑨21 ⑩46

4-2 以下の文章の空欄に四角の中から数字を選んで文章を完成させなさい。

排出量取引が実施されているとする。汚染排出量を E と表すと，ある企業の限界削減費用（MAC）が $MAC=100-0.5E$ で表されるとする。また，排出枠の価格 P^* が $P^*=40$ であるとする。このとき，最適な排出量 E^* は（ 1 ）単位である。したがって，排出枠の初期配分量が 100 単位の場合には，この企業は（ 2 ）単位分の排出枠を購入する。その購入にかかる費用は（ 3 ）である。一方，（ 1 ）単位までの削減にかかる費用は（ 4 ）なので，購入費用と削減費用の合計は（ 5 ）となる。これに対して，初期配分量が 50 の場合には，この企業は（ 6 ）単位分の排出枠を購入する。その購入費用は（ 7 ）である。したがって，購入費用と削減費用の合計は（ 8 ）となる。以上より，初期配分量が 50 単位の場合に比べて，100 単位の場合には，費用が（ 9 ）安くなることがわかる。

①20 ②70 ③100 ④120 ⑤800 ⑥1600 ⑦2000 ⑧2400 ⑨2800 ⑩4400

4-3 政府が限界削減便益曲線と限界削減費用曲線を正確に把握している場合には，ピグー税と排出量取引は同じ効果を持つことを説明しなさい。

CHAPTER

第5章

エネルギー

普及が進む風力発電と太陽光発電（沖縄電力。沖縄県宮古島。写真：時事通信フォト）

INTRODUCTION

本章では，エネルギー問題，なかでも再生可能エネルギーと省エネについて学びます。再生可能エネルギーの普及をめざすうえで最大の課題となるのは発電コストの高さです。そこで，はじめに，再生可能エネルギーの発電コストについて説明します。次に，再生可能エネルギーの代表的な普及政策である固定価格買取制度（FIT）と再生可能エネルギー利用割合基準（RPS）制度について説明します。一方，省エネについては，企業における取り組みを推進する政策として省エネ法とトップランナー制度を，家庭における取り組みを推進する政策としてエコポイント制度やエコカー減税などをそれぞれ取り上げ，説明します。また，エネルギー効率が改善した分，利用時間などが増えるリバウンド効果と，ナッジの省エネへの応用についても紹介します。

1 エネルギー需給の現状

エネルギー効率と消費量

1973年と78年の二度の石油ショックを経験した日本では，省エネルギー技術の開発が進みました。**図5.1**は，実質国内総生産（GDP）とエネルギー効率の推移を示したものです。エネルギー効率は1単位（1兆円）の実質GDPを産出するために必要なエネルギーの量を表しており，数字が小さいほどより効率的であることを意味します。**図5.1**から，日本ではエネルギー効率が長期的に改善傾向にあることがわかります。**図5.2**は，主要国・地域における実質GDPあたりのエネルギー消費を比較したものです。ここから，日本の実質GDPあたりのエネルギー消費は国際的に見ても低い水準であることがわかります。

図5.3には部門別エネルギー消費量の推移が示されています。1973年度と2019年度を比較すると，産業部門（製造業，農林水産鉱業建設業）のエネルギー消費量は減少していますが，業務他部門（第三次産業），家庭部門，運輸部門ではエネルギー消費量が増加しています。その結果，全体としては，2019年度には1973年度の約1.2倍のエネルギーを消費しています。

日本は，2018年にはエネルギー（一次エネルギー）の88.6％を石油や石炭，天然ガスといった化石燃料に依存しています。また，エネルギーのうち，自国内で確保できる比率であるエネルギー自給率は，2019年度は12.1％です（『エネルギー白書2021』）。これは，他のOECD諸国と比べても低い水準です。日本ではエネルギーの多くを輸入しており，石油，天然ガス（LNG），石炭などはほぼ全量を輸入しています。また，原油については，輸入量全体の約9割を中東から輸入していることから，何らかの理由で中東からの輸入が滞ることがあると大きな影響を受けることが予想されます。

発電の多くは火力発電によってまかなわれています。2019年度においては，石油・石炭・LNGによる火力発電の合計が発電量合計に占める割合はおよそ

CHART 図 5.1 実質 GDP とエネルギー効率の推移

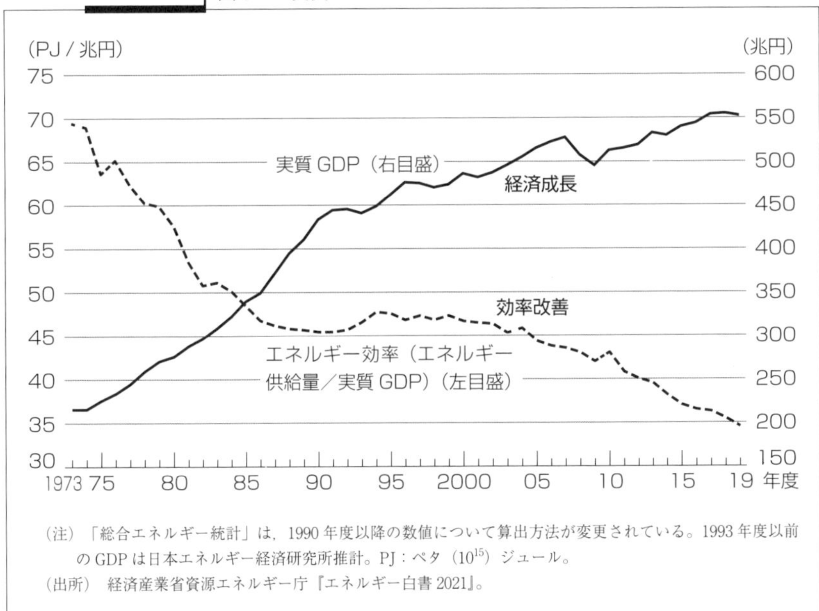

(注) 「総合エネルギー統計」は，1990 年度以降の数値について算出方法が変更されている。1993 年度以前の GDP は日本エネルギー経済研究所推計。PJ：ペタ (10^{15}) ジュール。
(出所) 経済産業省資源エネルギー庁『エネルギー白書 2021』。

CHART 図 5.2 実質 GDP あたりのエネルギー消費の主要国・地域比較(2018 年)

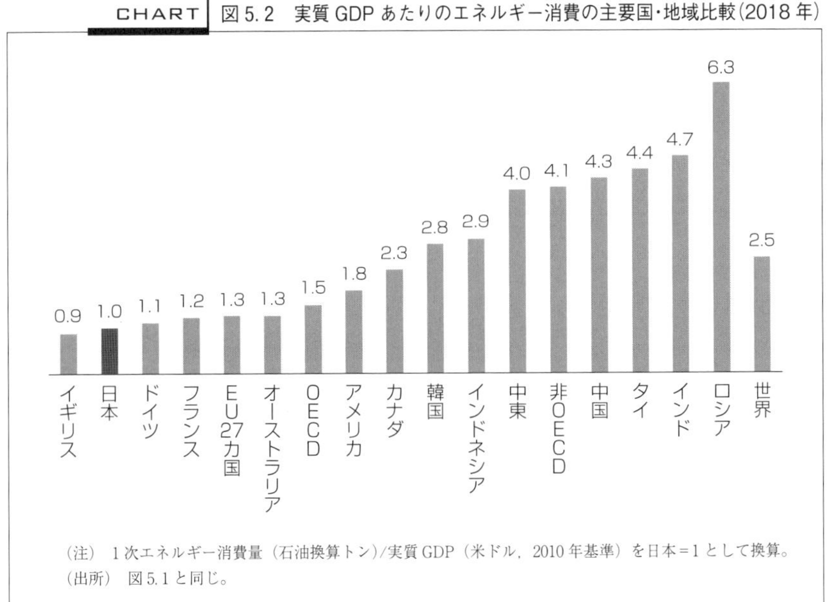

(注) 1次エネルギー消費量 (石油換算トン)/実質 GDP (米ドル，2010 年基準) を日本＝1 として換算。
(出所) 図 5.1 と同じ。

CHART 図 5.3 部門別エネルギー消費

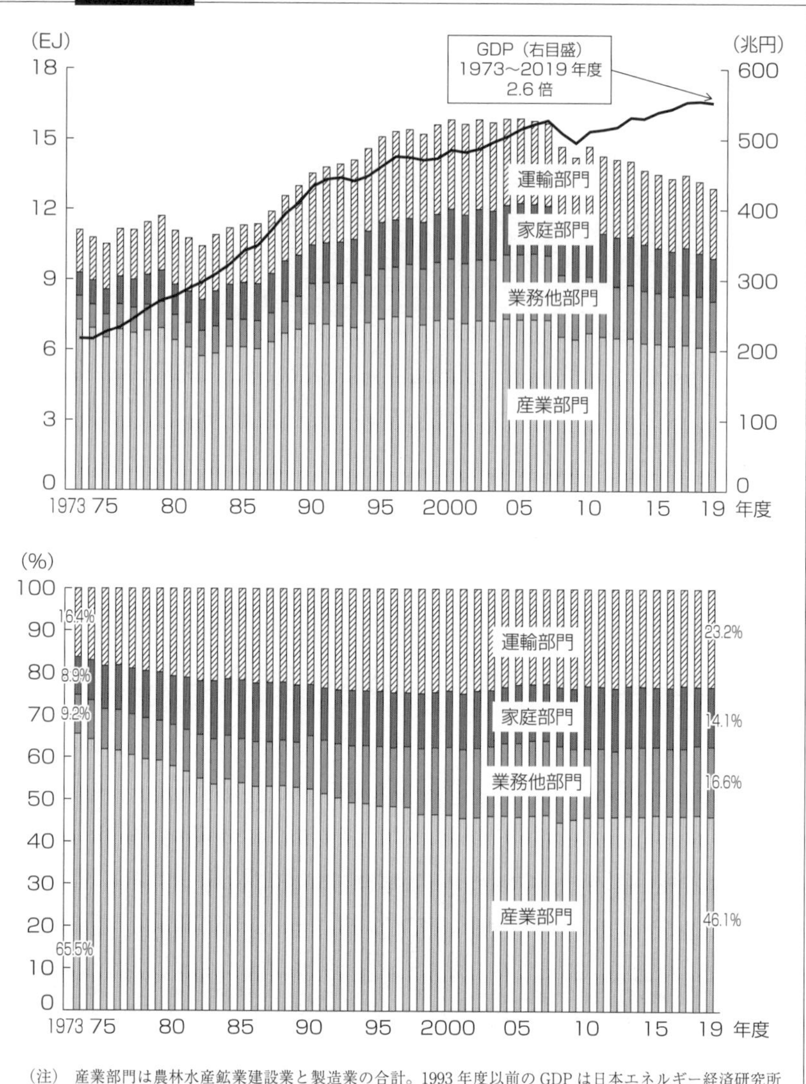

（注） 産業部門は農林水産鉱業建設業と製造業の合計。1993 年度以前の GDP は日本エネルギー経済研究所推計。EJ：エクサ（10^{18}）ジュール。

（出所） 図 5.1 と同じ。

CHART 表 5.1 発電コストの比較

電源	発電コスト（円/kWh）	
	2020 年	2030 年
石炭火力	12 円台後半	13 円台後半～22 円台前半
LNG 火力	10 円台後半	10 円台後半～14 円台前半
石油火力	26 円台後半	24 円台後半～27 円台後半
原子力	11 円台後半～	11 円台後半～
風力（陸上）	19 円台後半	9 円台後半～17 円台前半
太陽光（住宅）	17 円台後半	9 円台後半～14 円台前半
水力（中水力）	10 円台後半	10 円台後半

（出所） 総合資源エネルギー調査会発電コスト検証ワーキンググループ「発電コスト検証に関するこれまでの議論について」(2021 年 7 月)。

76% でした（『エネルギー白書 2021』）。火力発電は地球温暖化の原因となる温室効果ガスを排出しますので，地球温暖化防止の観点からも省エネルギーを進める必要があります。

再生可能エネルギー

太陽光，風力，水力，地熱，バイオマスなど，エネルギー源として永続的に利用することができるものを**再生可能エネルギー**といいます。再生可能エネルギーには，資源が枯渇せず半永久的に使えるというメリットがあります。また，発電時や熱利用時に二酸化炭素をほとんど排出しない点もメリットです。さらに，海外に依存しないというメリットがあります。新興国の経済発展などを背景として世界的にエネルギーの需要が増大するなか，国内で生産できる点は重要です。そして，導入拡大により，産業振興や雇用創出といった経済面での効果が期待されるというメリットもあります。

一方で，現段階では課題も多く存在します。最大の課題は発電コストが高いことです。**表 5.1** は，2021 年 7 月に発表された総合資源エネルギー調査会発電コスト検証ワーキンググループによる発電コストの試算結果です。2020 年現在，風力や太陽光の発電コストは相対的に高価です。ただし，2030 年の見通しでは，風力や太陽光の発電コストは大幅に低下し，最も低く見積もった場合には，LNG 火力や原子力よりも安価になると予想されています。

Column ❺-1　福島第一原子力発電所事故

2011 年 3 月 11 日に発生したマグニチュード 9.0 の東北地方太平洋沖地震による津波の影響によって，福島県大熊町と双葉町にまたがる東京電力福島第一原子力発電所で原子力事故が発生しました。

当時稼働していた 1 号機から 3 号機では地震と津波の影響で電源が失われ，冷却設備を動かせなくなりました。その結果，炉心の温度が異常に上昇し，核燃料が融解するメルトダウンが発生しました。また，1 号機，3 号機，4 号機で水素爆発が起きました。

この事故によって大量の放射性物質が飛散し，広範囲で放射能汚染が発生しました。多くの住民が避難を余儀なくされ，福島県の避難者数は，地震・津波によるものと合わせて，2012 年のピーク時には 16 万人以上に上りました。さらに，放射能をめぐる風評被害も被災地に深刻な影響を及ぼしました。

この事故は，原子力施設等でのトラブルの深刻度を表す指標である国際原子力・放射線事象評価尺度（International Nuclear and Radiological Event Scale：INES）において，最も深刻な事故に当たる「レベル 7」に分類されています。レベル 7 に分類された事故は，1986 年に発生した旧ソ連のチェルノブイリ原子力発電所事故に次いで世界で 2 例目です。

2021 年現在，2050 年頃までの完了を目標として廃炉作業が行われています。

福島のこの大事故は，今後のエネルギー供給体制のあり方について，国内外に大きな影響を与えました。ドイツは，事故後の 2011 年 8 月には，ドイツ国内の 17 の原子力発電所を，ただちに，あるいは段階的に停止することを決定しました。また，日本では，再生可能エネルギーの供給量を増やすために，2012 年に固定価格買取制度（FIT）が導入されました。

また，大規模な太陽光パネルの設置には，日照を遮るものがない広い土地が必要ですし，風力発電機（風車）は年間を通じて安定した強い風が吹く場所に設置する必要があります。このように，地形等の条件から発電設備を設置できる地点が限られるといった点や，日照時間や風の状況などの自然状況に左右されるため発電量が不安定であるといった点も課題です。さらに，休日など電力需要の少ない時期に余剰電力が発生することも問題であるため，発電量を抑制したり，蓄電池に発電した電気を蓄えるなどの対策が必要です。

再生可能エネルギーの普及政策——FIT と RPS

固定価格買取制度（Feed-In Tariff：FIT）は，再生可能エネルギー源（太陽光，風力，水力，地熱，バイオマス）を用いて発電された電気を，一定の期間，同じ金額で買い取ることを電力会社に義務づける制度です。エネルギーの買取価格が一定期間固定されることで，投資費用回収の計画が立てやすく，投資の判断がしやすくなります。これにより，再生可能エネルギーの発電業者の参入が促進され，再生可能エネルギーの普及が促されます。

日本では 2012 年に FIT が導入されました。エネルギー源ごとの買取価格と買取期間は，国が毎年決定します。また，電気会社が再生可能エネルギー源を用いて発電された電気を買い取るのに要した費用は，電気料金の一部として，電気の使用量に比例した賦課金という形で国民が負担します。

FIT の導入により，再生可能エネルギーの導入が急速に進んでいます。その一方で，国民の負担が増加しています。2021 年の賦課金単価は 3.36 円/kWh で，1 カ月の電力使用量が 260 kWh の家庭では，月額 873 円，年額 1 万 476 円の負担となります（経済産業省ウェブサイト）。

再生可能エネルギー普及のためのもう 1 つの代表的な政策が，**再生可能エネルギー利用割合基準**（Renewables Portfolio Standard：RPS）制度です。これは，電力会社に販売電力量の一定割合以上の再生可能エネルギーの利用を義務づける（義務量を設定する）ものです。電力会社は自社で再生可能エネルギーによる発電を行うか，再生可能エネルギーによる発電を行う他社から電力を購入するか，再生可能エネルギーによる発電を行う他社から再生可能エネルギーにより発電したという証書を購入するか，いずれかの方法で販売電力量に占める再生可能エネルギーの割合を一定以上とします。日本では，FIT が導入される以前に RPS が実施されていました。

経済学的には，FIT は価格規制として，RPS は数量規制として捉えることができます。

FIT と RPS の経済分析

本節では，経済理論を用いて，FIT と RPS を特徴づけてみましょう。

ワイツマンの定理

政府が規制対象について十分な情報を持っており，不確実性が存在しない場合には，価格規制（例：税）と数量規制（例：排出量取引）のどちらを用いても，同様に最小の費用で社会的に最適な生産水準を達成することができます。しかし，現実には，政府があらゆる企業の限界削減費用の情報を正確に把握し，社会的に最適な生産水準を設定することは困難です。したがって，不確実性が存在するもとで政策を実施することになります。

マーティン・ワイツマン（1942-2019）は，限界削減費用に不確実性が存在する場合，限界削減費用曲線の傾きが限界削減便益曲線の傾きよりも大きい場合には価格規制が望ましく，限界削減費用曲線の傾きが限界削減便益曲線の傾きよりも小さい場合には数量規制が望ましいことを示しました。この結果は**ワイツマンの定理**と呼ばれています。ワイツマンの定理を応用すると，価格で規制を行う FIT と数量で規制を行う RPS のどちらが望ましいかを考えることができます。はじめに，ワイツマンの定理について説明しましょう。

企業の生産に伴って汚染が発生している状況を考えます。政府は価格規制（例：税）または数量規制（例：排出量取引）によって対策を実施するとします。

図 5.4 の縦軸は価格，横軸は汚染の排出量を表しています。右上がりの曲線は，生産に伴い発生する限界外部費用を表します。第 3 章で説明したとおり，限界外部費用曲線（限界削減便益曲線）は右上がりになります。一方，限界便益（利潤）曲線（限界削減費用曲線）は右下がりになります。

限界削減費用と限界削減便益が一致する E^* が社会的に望ましい排出量です。したがって，数量規制の場合には E^* を目標水準に設定し，価格規制の場合には価格を t^* に設定します。価格規制として税を想定すると，汚染排出に対する税額が t^* の場合，限界削減費用が税額より低いかぎりは汚染を削減するこ

CHART 図 5.4 不確実性がない場合

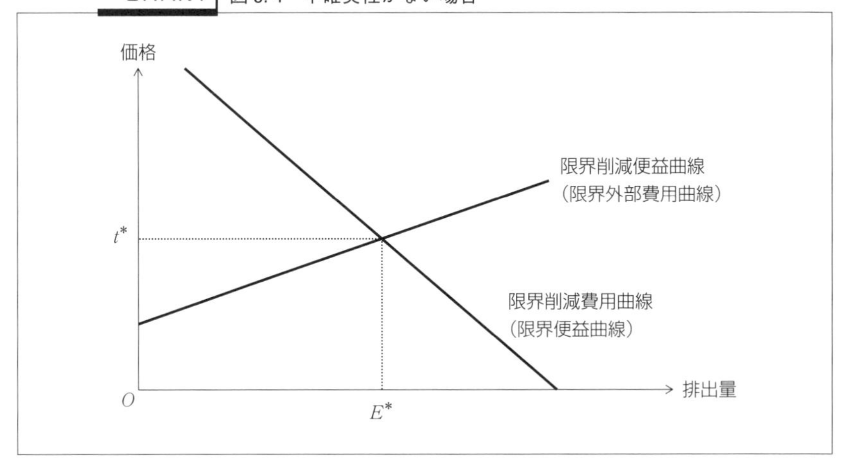

とが排出者にとって合理的であるため，排出量は E^* となります。このように，不確実性が存在しない場合には，数量規制と価格規制は，同じく社会的に最適な排出量である E^* を達成します。

しかし，現実には，政府は企業の限界削減費用の情報を正確に把握することができませんので，企業の限界削減費用曲線を推測して政策を実施します。ここで，政府は企業の限界削減費用曲線を「推測した限界削減費用曲線」と認識して政策を実施するとします。しかし，実際の企業の限界削減費用曲線は「真の限界削減費用曲線」であるとします（図 5.5）。

政府は，限界削減便益曲線と推測した限界削減費用曲線の交点が最適な排出量と考え，価格規制の場合には t^F の料金，数量規制の場合には E^F の目標水準を設定します。しかし，本当に最適な排出量は限界削減便益曲線と真の限界削減費用曲線が交わる E^* で示されます，このため，政府が設定した料金や目標水準は最適な排出水準を達成しません。

企業は，真の限界削減費用曲線に従って排出量を決定します。したがって，政府が設定した料金 t^F のもとでは E^T の排出を行います。しかし，社会的に最適な水準は E^* なので，過小に排出を行うことになります。一方，数量規制の場合に政府が設定する目標水準は E^F ですが，これは社会的に最適な水準 E^* を上回りますので，排出量は過大となります。

CHART 図 5.5 限界削減費用（限界便益）に不確実性がある場合(1)

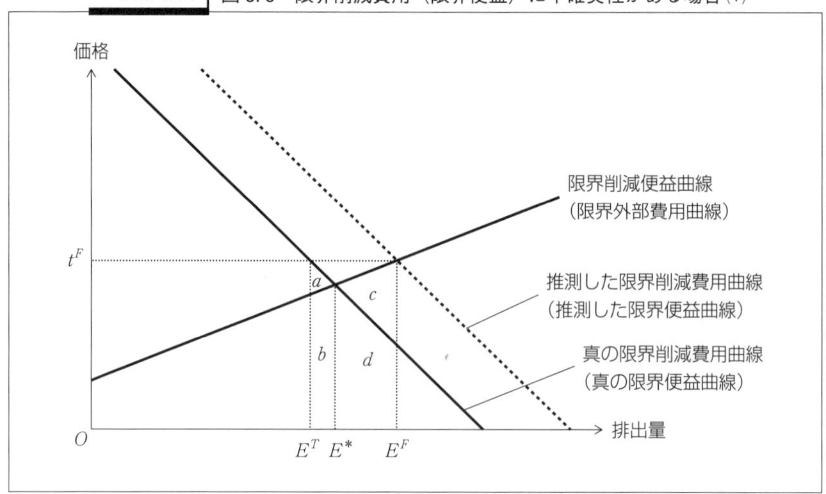

このように，価格規制と数量規制のいずれにおいても最適な水準を達成することができません。ここで，それぞれがもたらす社会的な損失を比較しましょう。価格規制の場合には，利潤が図 5.5 の $a+b$ だけ減少する一方で，外部費用が b だけ減少します。したがって，社会の損失は a となります。一方，数量規制の場合には，外部費用が $c+d$ だけ増加する一方で，利潤は d だけ増加します。したがって，社会の損失は c となります。図 5.5 のように，限界削減費用曲線の傾きの方が限界削減便益曲線の傾きよりも大きい場合には，a よりも c の方が面積が大きいので，価格規制の方が社会の損失が小さいことになります。

しかし，図 5.6 のように，限界削減費用曲線の傾きよりも限界削減便益曲線の傾きの方が大きい場合には，a の方が c よりも面積が大きいので，数量規制の方が社会の損失が小さくなります。ワイツマンは，このように，価格規制と数量規制のどちらが望ましいかは，限界削減費用曲線と限界削減便益曲線の相対的な傾きの大きさに依存することを示しました。これがワイツマンの定理です。

ワイツマンの定理を用いた FIT と RPS の比較

FIT は価格で規制を行い，RPS は数量で規制を行います。図 5.7 は不確実

CHART　図 5.6　限界削減費用（限界便益）に不確実性がある場合 (2)

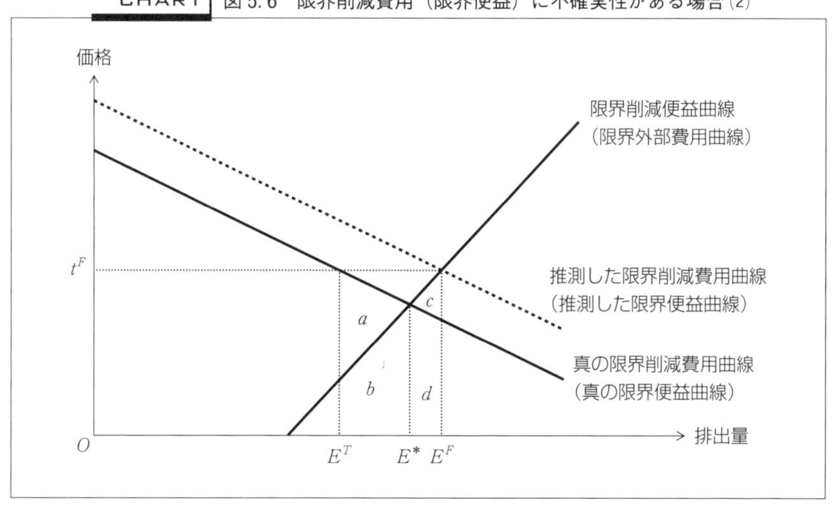

CHART　図 5.7　不確実性がない場合の FIT と RPS

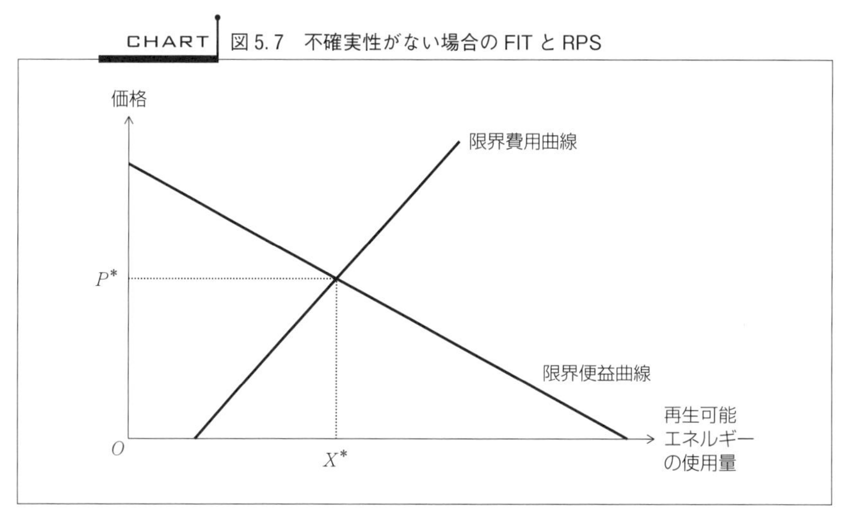

性が存在しない場合の FIT と RPS の効果を説明したものです。縦軸は価格，横軸は再生可能エネルギーにより発電された電気の使用量を表しています。再生可能エネルギーにより発電された電気を使用することにより，地球温暖化がもたらす被害が回避されるといった便益が発生しますが，地球温暖化がもたらす限界被害は逓増すると考えられるため，再生可能エネルギーにより発電された電気の使用量が増加するに従って限界便益は逓減すると仮定します。一方，

CHART 図 5.8 不確実性下における FIT と RPS

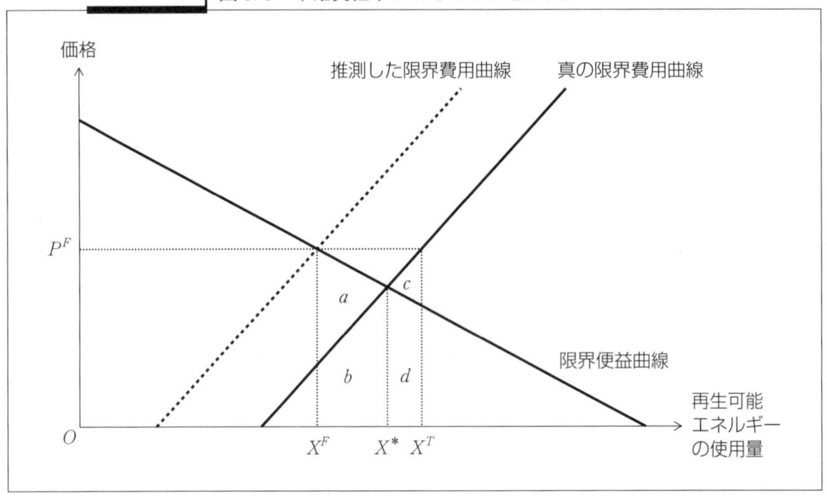

再生可能エネルギーにより発電された電気の使用量の増加に従って，限界費用は逓増すると仮定します。これは，使用量が増加するに従って，太陽光発電や風力発電に適した立地が少なくなり，使用量を増やすための追加的な費用が上昇するためです。

再生可能エネルギーにより発電された電気の最適な使用量は，限界便益と限界費用が一致する X^* です。FIT では，X^* における限界費用に等しい価格 P^* で電気を買い取ることで，この目標を達成することができます。電力会社は，使用量を拡大することで得られる追加的便益である買取価格の方が，使用量を拡大するための追加的費用よりも大きいかぎりは使用量を拡大しますので，使用量は X^* となります。一方，RPS では，X^* に等しいだけの義務量を電力会社に配分することで，この目標を達成することができます。このように，不確実性が存在しない場合には，FIT でも RPS でも，同様に効率的な使用量である X^* を達成することができます。

図 5.8 は不確実性が存在するもとでの FIT と RPS の効果を示したものです。推測した限界費用曲線と真の限界費用曲線に乖離があるとします。社会的に最適な使用量は限界便益と真の限界費用が一致する X^* ですが，政府は限界便益と推測した限界費用の交点である X^F を目標として政策を実施します。

FIT では，政府は買取価格を P^F に設定します。しかし，電力会社は真の限界費用に従って意思決定を行いますので，使用量は X^T となります。これは高い買取価格を設定したために，最適な水準よりも多くの使用量が達成された状況を表します。最適な水準 X^* と比較すると，便益は d だけ増加しますが，費用は $c+d$ だけ増加しますので，社会の損失は c となります。一方，RPS では，X^F だけの使用量が義務量として電力会社に配分されます。これは最適な水準 X^* よりも少ない使用量が達成された状況を表します。最適な水準 X^* と比較すると，費用は b だけ減少しますが，便益は $a+b$ だけ減少しますので，社会の損失は a となります。a と c の面積を比較すると，c の方が小さいので，図5.8 で示されているように限界便益曲線の傾きよりも限界費用曲線の傾きの方が大きい場合には，FIT の方が社会の損失が小さいことになります。しかし，限界費用曲線の傾きよりも限界便益曲線の傾きの方が大きい場合には，a の方が c よりも面積が小さいので，RPS の方が社会の損失が小さくなります。

地球温暖化がもたらす被害は，温室効果ガスの年間排出量（フロー）ではなく大気中濃度（ストック）に依存するため，年間排出量の増加によって被害が大幅に増えることはなく，地球温暖化を回避することの限界便益は水平に近いと考えられます。一方，再生可能エネルギーによる発電の限界費用曲線の傾きは大きいと考えられます。ワイツマンの定理に基づいて考えると，そのような現状では，不確実性がもたらす社会的な損失は FIT の方が小さいと考えられます。

学習（習熟）曲線

太陽光パネルや風力発電機などでは，その単位生産費用は，過去の累積生産量に応じて低下するという性質があります。これを**学習効果**といい，その様子を図で表したものを学習（習熟）曲線と呼びます（図5.9）。これは，生産経験を重ねるほど，効率よく生産ができるようになったり，技術進歩が起きることで，そのコストが低下することによります。

この観点からは，FIT で当初は仮に過剰な再生可能エネルギーを供給することになったとしても，その供給過程で発電パネルの生産費用を大幅に減らすことになるでしょう。当初の買取価格が高くとも，それにより太陽光パネルの需要，そしてそれに沿った供給が増えることが，発電コストを押し下げていく

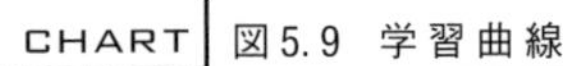
CHART 図5.9 学習曲線

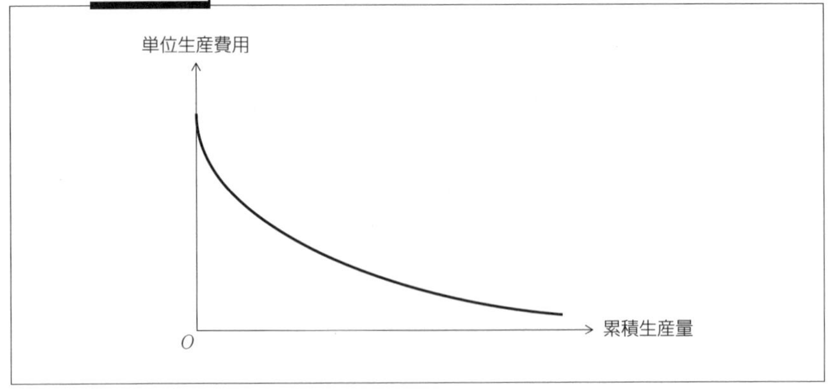

ことになります。FIT では，発電コストの低下を背景に（新規）買取価格も時間とともに低下していくことが一般的です。

3 省エネ

企業における取り組み——省エネ法とトップランナー制度

日本における省エネルギー政策では，省エネ法（1979 年に制定された「エネルギーの使用の合理化に関する法律」，2013 年の改正により「エネルギーの使用の合理化等に関する法律」に名称変更）が中心的な役割を果たしてきました。この法律は，産業・業務・家庭・運輸の各部門において省エネルギーを推進することを目的としており，工場等，輸送，建築物，機械器具（機器）等の 4 つの分野で規制を行っています（経済産業省資源エネルギー庁，2019）。

機器等の規制においては，**トップランナー制度**が実施されています（経済産業省資源エネルギー庁，2015）。これは 1998 年の改正省エネ法に基づき導入されたもので，対象となる機器で現在市場に存在する製品のうち，エネルギー消費効率が最も優れているもの（トップランナー）の性能に加え，将来の技術進歩の見通し等を考慮して目標となる省エネ基準（トップランナー基準）を定めるものです。自動車や家電製品等を対象としており，これらを製造または輸入している事業者は，目標年度までに基準値を達成することが求められています。

トップランナー制度の導入により，多くの機器でエネルギー消費効率が改善しています。たとえば乗用自動車は1995年度から2010年度でエネルギー消費効率が48.8%改善し，テレビジョン受信機（液晶・プラズマテレビ）は2008年度から2012年度で60.6%改善しました（経済産業省資源エネルギー庁，2015）。

これらトップランナー基準を満たした製品が普及することにより，省エネルギーが進むことが期待されます。

家庭における取り組み——インセンティブを利用した政策とリバウンド効果

省エネ性能の高い家電や自動車の購入を促進することを目的として，インセンティブを利用した政策も実施されています。日本で実施された政策には，省エネ性能の高いエアコン・冷蔵庫・地上デジタル放送対応テレビを購入した場合に商品やサービスと交換可能な家電エコポイントが付与される家電エコポイント制度，同様に省エネ性能が高い住宅の新築やリフォームを行った際に住宅エコポイントが付与される住宅エコポイント制度，環境負荷が少なく燃費の良い車については自動車重量税が軽減されるエコカー減税，環境負荷が少なく燃費の良い車の購入に対して補助金が支給されるエコカー補助金などがあります。

省エネ性能の高い製品では，それを使用するために必要なエネルギーが従来の製品よりも少ないため，より少ない費用で使用することが可能となりますが，このことによって，使用時間が増加したり，電気代節約のための取り組みが減少したりする可能性があります。この現象は**リバウンド効果**と呼ばれています。たとえば，省エネ性能の高いエアコンに買い替えたとしましょう。エアコンの使用状況がこれまでと同じであれば，エネルギーの使用量は減少します。しかし，従来よりも少ない電気代で使用できることから，エアコンの使用時間を増やすかもしれません。また，冷房の設定温度を以前より低くするかもしれません。そのようなことをすると，エネルギーをより使用することになりますので，省エネ性能の高い製品を使用することによるエネルギー使用量の削減分の一部（または全部）が相殺されることになります。溝渕健一の研究によると，リバウンド効果の大きさはおよそ27%です。すなわち，製品の省エネ性能が改善されても，その効果の27%は相殺され，エネルギー使用量の削減分はその73%

にとどまります（Mizobuchi, 2008)。

リバウンド効果を小さくするためには，エネルギーへの課税などにより，エネルギーを使用することの費用を上昇させることや，家庭内の電気機器の電気使用量や稼働状況を把握・管理する仕組みであるホーム・エネルギー・マネジメント・システム（Home Energy Management System：HEMS）によりエネルギー使用量を「見える化」することで，消費者にエネルギー使用量を意識させることが有効です。

省エネへのナッジの応用

ナッジ（nudge）とは，「ひじで軽く突く」「そっと後押しする」という意味の言葉です。ナッジは行動経済学の分野で開発されたアプローチで，強制したり，経済的なインセンティブを大きく変えたりするのではなく，人間の心理や行動の特性を利用して，人々の行動を特定の方向に誘導するものです。ナッジの概念は，2017年にノーベル経済学賞を受賞したシカゴ大学のリチャード・セイラー（1945-）により提唱されました。

近年，ナッジの政策での活用に注目が集まっています。2010年にはイギリスで，ナッジを政策に活用するための組織である“BIT（the Behavioural Insights Team)”（通称：ナッジ・ユニット）が設立され，現在ではアメリカをはじめとしたさまざまな国がナッジを活用しています。日本でも2017年に環境省が主体となって日本版ナッジ・ユニット（Behavioral Sciences Team：BEST）を設立し，その後，経済産業省などの他の省庁や，横浜市をはじめとした地方自治体でもナッジの活用を目的とした組織が発足しています。

ナッジは省エネにも活用されています。たとえば，アメリカのオーパワー（Opower）社（2016年にオラクルに買収される）は，家庭向けエネルギーレポートにおいて，近隣の家庭との電力消費量の比較を行うことや，省エネを行っている家庭と比較していくら損しているかを示すことが，電力消費量の抑制に効果的であることを実証しています。人間は他の人の行動を気にしたり，周囲の人の行動に同調したりする傾向があります。他の家庭との比較は，私たちが持つそのような社会規範や同調意識に訴えかける情報提供の方法です。

また，人間は利益から得られる効用よりも損失から得られる不効用の方を強く感じること（損失回避）が知られています。省エネを行っている家庭と比較していくら損しているかといった損失を強調した表現は，この損失回避の性質を利用した情報提供の方法です。レポートを受け取る家庭（介入群）とレポートを受け取らない家庭（対照群）を無作為に設定し，両者の電力消費量の差を検証するランダム化比較試験（Randomized Controlled Trial：RCT）を実施した結果，レポートを受け取った家庭は，受け取っていない家庭に比べて，平均2％電力消費量が減少することが確認されました（Allcot, 2011）。日本でも，環境省が中心となって実施した実証実験によって，同様のナッジが効果的であることが確認されています。

●参考文献

・経済産業省資源エネルギー庁（2015）「トップランナー制度　世界最高の省エネルギー機器等の創出に向けて」2015年3月版。
・経済産業省資源エネルギー庁（2019）「エネルギーの使用の合理化等に関する法律　省エネ法の概要」。
・Allcot, H.（2011）"Social Norms and Energy Conservation," *Jounal of Public Economics*, 95（9-10）, pp. 1082-1095.
・Mizobuchi, K.（2008）"An Empirical Study on the Rebound Effect Considering Capital Costs," *Energy Economics*, 30（5）, pp. 2486-2516.

SUMMARY ●まとめ

□ 1 再生可能エネルギーには，資源が枯渇せず半永久的に使える，二酸化炭素をほとんど排出しない，海外に依存しない，導入拡大により経済面での効果が期待されるといったメリットがある一方で，発電コストが高い，地形等の条件から発電設備を設置できる地点が限られる，自然状況に左右されるため発電量が不安定であるといった課題があります。

□ 2 限界削減費用に不確実性が存在する場合に，価格規制と数量規制のどちらが望ましいかは，限界削減費用曲線と限界削減便益曲線の相対的な傾きの大きさに依存します。これをワイツマンの定理といいます。

□ 3 再生可能エネルギーの代表的な普及政策には固定価格買取制度（FIT）と再生可能エネルギー利用割合基準（RPS）制度があります。ワイツマンの定理に基づいて考えると，現状では，不確実性がもたらす社会的な損失は FIT の方が小さいと考えられます。

□4 企業における省エネを推進する政策には省エネ法やトップランナー制度があります。一方，家庭における省エネを推進する政策にはエコポイント制度やエコカー減税などがあり，近年はナッジの活用も注目を集めています。省エネによりリバウンド効果が発生することがある点に注意が必要です。

EXERCISE ● 練習問題

5-1 再生可能エネルギーのメリットとデメリットを説明しなさい。

5-2 ワイツマンの定理では，限界削減費用に不確実性が存在する場合，価格規制と数量規制のどちらが望ましいかは，限界削減費用曲線と限界削減便益曲線の相対的な傾きの大きさに依存することが示されている。これに対して，限界削減便益に不確実性がある場合には，価格規制と数量規制のどちらでも社会の損失は同じになることを説明しなさい。

5-3 以下の文章の空欄に四角の中から言葉を選んで文章を完成させなさい。

省エネ性能の高い家電や自動車の購入を促進することを目的として日本で実施されたインセンティブを利用した政策には，省エネ性能の高い家電の購入を対象とした（　1　），省エネ性能が高い住宅の新築やリフォームを対象とした（　2　），環境負荷が少なく燃費のよい車に対する税を軽減する（　3　），環境負荷が少なく燃費のよい車の購入に対して補助金を支給する（　4　）などがある。省エネ性能の高い製品はより小さな費用で使用することが可能となるため，使用時間などが増加する（　5　）が発生する可能性がある。

①環境税　②家電エコポイント制度　③住宅エコポイント制度
④トップランナー制度　⑤エコカー減税　⑥エコカー補助金
⑦ナッジ　⑧リバウンド効果　⑨代替効果　⑩所得効果

CHAPTER

第6章

廃棄物

パナマ共和国の首都パナマシティのビーチに押し寄せたプラスチックごみ（写真：AFP＝時事）

INTRODUCTION

本章では，廃棄物問題について学びます。最初に，排出者からごみ処理手数料を徴収することで，ごみ削減のインセンティブを与えるごみ処理有料化について説明します。次に，産業廃棄物の排出者などに，排出量に応じて税金を課すことで排出抑制のインセンティブを与える産業廃棄物税について説明します。さらに，不法投棄が発生する理由を経済学的に考え，有効な対策を検討します。そして，近年注目を集めているプラスチックごみ問題についても説明します。最後に，循環型社会形成のための法律，およびリサイクル・リユースの促進等を目的としたデポジット制度について説明します。

1 廃棄物問題の現状

大量の廃棄物は，さまざまな問題を生じさせています。第1に，大量の廃棄物は，大量生産，大量消費の結果として発生する一方で，そのような大量生産によって資源の枯渇が深刻化しています。第2に，廃棄物は，輸送，焼却（中間処理），埋立（最終処分）のそれぞれの段階で，有害物質や温室効果ガスを発生させます。このように，処理に伴ってさまざまな環境問題を発生させる点も廃棄物の大きな問題です。第3に，廃棄物を処理するためには，焼却施設や埋立処分場（最終処分場）を設置し，頻繁に収集，運搬，焼却，埋立を行わなければならないため，廃棄物処理は市町村の財政面で大きな負担となっています。第4に，最終処分場の不足も問題となっています。最終処分場の残余年数は，2018年度時点で，一般廃棄物で21.6年，産業廃棄物で17.4年です。最終処分場からの環境汚染に対する不安などから，最終処分場は迷惑施設となっており，周辺住民による建設反対運動が発生することも少なくありません。このため，新規設置は容易ではなく，廃棄物の減量などによる既存の最終処分場の延命が重要な課題となっています。

廃棄物は廃棄物処理法によって**一般廃棄物**と**産業廃棄物**に大別されます（図6.1）。一般廃棄物は，産業廃棄物以外の廃棄物のことを指し，ごみとし尿に分類されます。ごみは，家庭から出る廃棄物（家庭系ごみ）と事業活動によって生じた廃棄物のうち，産業廃棄物以外の廃棄物（事業系ごみ）から構成されます。一般廃棄物は市町村に処理責任があります。一方，産業廃棄物は，事業活動によって生じた廃棄物のうち，廃棄物処理法によって定められたものを指し，排出事業者に処理責任があります。一般廃棄物と産業廃棄物のうち，爆発性・毒性・感染性などがあるものは，「特別管理一般廃棄物」「特別管理産業廃棄物」に指定され，厳重に管理されます。

日本における近年の一般廃棄物の総排出量は年間4300万トン程度で，1人1日あたりの排出量は1kg弱です（図6.2）。一方，産業廃棄物の排出量は年間4億トン弱です（図6.3）。

CHART 図 6.1 廃棄物の区分

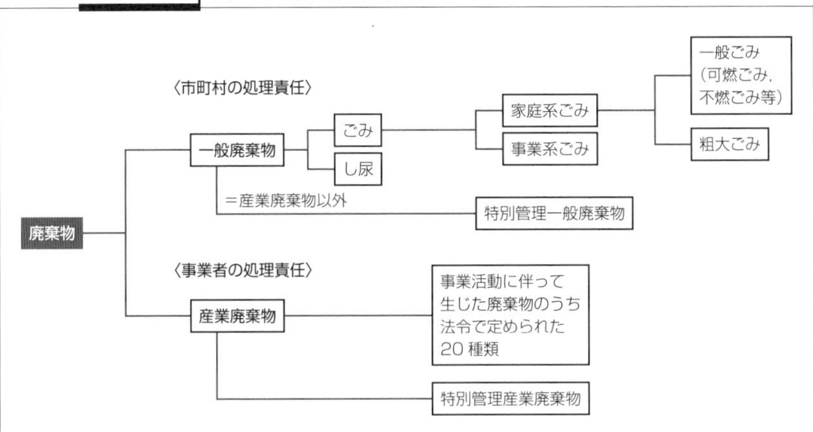

（注） 特別管理一般廃棄物とは，一般廃棄物のうち，爆発性，毒性，感染性その他の人の健康または生活環境にかかる被害を生ずるおそれのあるもの。特別管理産業廃棄物とは，産業廃棄物のうち，爆発性，毒性，感染性その他の人の健康または生活環境にかかる被害を生ずるおそれがあるもの。

（出所） 環境省『令和 3 年版 環境白書・循環型社会白書・生物多様性白書』。

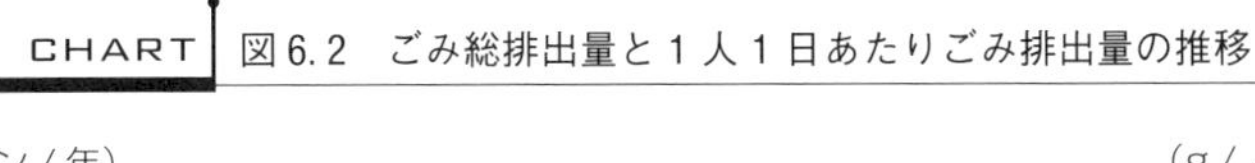

CHART 図 6.2 ごみ総排出量と 1 人 1 日あたりごみ排出量の推移

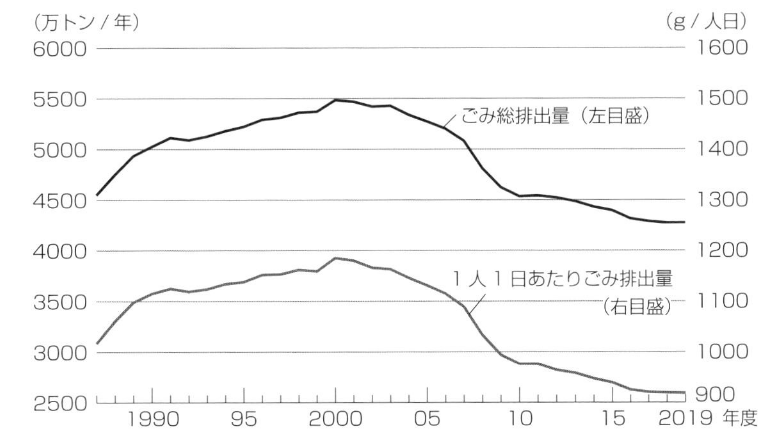

（注） 2005 年度実績の取りまとめより「ごみ総排出量」は，廃棄物処理法に基づく「廃棄物の減量その他その適正な処理に関する施策の総合的かつ計画的な推進を図るための基本的な方針」における，「一般廃棄物の排出量（計画収集量＋直接搬入量＋資源ごみの集団回収量）」と同様とした。1 人 1 日あたりごみ排出量は総排出量を総人口×365 日または 366 日でそれぞれ除した値である。2012 年度以降の総人口には，外国人人口を含んでいる。

（出所） 図 6.1 と同じ。

CHART 図 6.3 産業廃棄物の排出量の推移

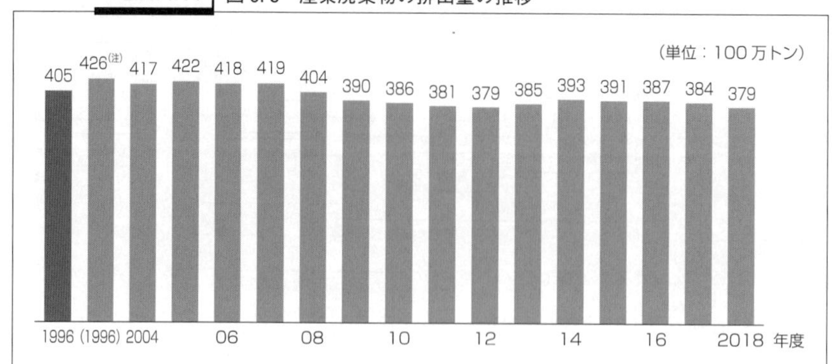

(注) 1996年度から排出量の推計方法を一部変更している。(1996) の値は，ダイオキシン対策基本方針（ダイオキシン対策関係閣僚会議決定）に基づき，政府が2010年度を目標年度として設定した「廃棄物の減量化の目標量」(1999年9月設定) における1996年度の排出量を示す。2004年度以降の排出量は (1996) の排出量を算出した際と同じ前提条件を用いて算出している。

(出所) 図6.1と同じ。

 ごみ処理有料化

定額制と従量制

従来，ごみ処理の費用は市町村の一般財源（住民税等）によってまかなわれてきましたが，今日では6割を超える市町村で**ごみ処理の有料化**が実施されています（山谷，2020）。これは，ごみ処理費用の一部を，排出者がごみ処理手数料として負担する制度です。

ごみ処理手数料の料金体系には，**定額制**と**従量制**があります。前者はごみの排出量にかかわらず一定の手数料を負担する仕組みで，後者はごみの排出量に応じて手数料が決まる仕組みです。

ごみ処理が有料化されると，徴収したごみ処理手数料により，ごみ処理費用の一部をまかなうことが可能となります。また，従量制の有料化が実施されると，ごみを排出することに負担が伴うようになりますので，ごみ削減のインセンティブが働き，ごみ排出量の減少が期待されます。これにより，市町村のご

Column ❻-1 食品ロス

食品ロスとは，本来食べられるのに捨てられてしまう食品のことです。日本では年間 2531 万トンの食品廃棄物等が発生しており，そのうち食品ロスは年間 600 万トンです。1 人あたり年間約 47 kg の食品ロスを発生させている計算になりますが，これは毎日茶碗 1 杯分のご飯を捨てていることに相当する量です。

年間 600 万トンの食品ロスのうち，事業活動に伴って発生する事業系食品ロスは 324 万トン，家庭から発生する家庭系食品ロスは 276 万トンです。事業系食品ロスは，規格外品，返品，売れ残り，食べ残しなどにより発生しています。一方，家庭系食品ロスは，食べ残し，手つかずの食品，皮の剝きすぎなどにより発生しています。

食品ロスを処理するためには多額の費用がかかります。また，食品ロスを焼却すると二酸化炭素が排出され，焼却灰の埋立も必要になりますので，環境負荷も発生します。食料自給率がカロリーベースで 40% 弱の日本は，多くの食料を輸入しているにもかかわらず，大量の食品ロスを発生させています。この状況には矛盾を感じる人も多いでしょう。

食品ロスの発生原因の 1 つに，日本の食品流通における「3 分の 1 ルール」と呼ばれる慣習があります。これは，製造日から賞味期限までの期間（賞味期間）の 3 分の 1 の期間中に商品を小売店に納品することを求めるものです。たとえば，賞味期間が 6 カ月の商品の場合，製造日から 2 カ月以内に小売店に納品しなければなりません。それよりも納品が遅れた商品は，賞味期限まで多くの日数が残っているにもかかわらず，メーカーに返品されたり廃棄されたりします。日本では，小売店への納品の期限が海外よりも早いといわれています。食品ロスを削減するために，3 分の 1 ルールの見直しが行われています。

また，3 分の 1 ルールなどが原因で廃棄される商品を食品メーカーなどから寄贈してもらい，それを福祉施設などに無償で提供する活動を行っている団体がフードバンクです。フードバンクは，食品ロスの削減と貧困問題の解決に貢献しています。

日本では，食品ロス削減を推進することを目的とした食品ロス削減推進法が 2019 年 10 月に施行されました。また，食品リサイクル法の基本方針が 2019 年に見直され，2030 年度までに事業系食品ロスの量を 2000 年度比で半減させるという目標が設定されました。

食品ロスを減らすためには，食品を買いすぎないことや，料理を作りすぎないこと，外食時には食べきれる量だけを注文することで食べ残しを出さないことなどが重要です。

（参考文献） 農林水産省（2021）「食品ロス及びリサイクルをめぐる情報（令和３年９月時点版）」。

み処理経費の削減や最終処分場の延命が可能となります。ごみの減量を目的として，リサイクルが促進されることも期待されます。さらに，ごみをたくさん排出する人ほど多くの費用を負担することになりますので，負担の公平化も実現されます。

従量制の有料化では，排出１単位あたりの手数料が設定されており，排出量に比例して手数料が増加する「単純比例型」を採用している自治体が多数ですが，一定量までは無料で排出できるが，それを超えた排出に対しては手数料が求められる「一定量無料型」や，一定量までは排出１単位あたりの手数料が安く設定されているが，それを超えると排出１単位あたりの手数料がより高額となる「２段階型」などを採用している自治体もあります。

従量制の手数料徴収方法には，指定袋制とシール制があります。前者は，手数料が上乗せされた価格で販売される自治体指定の袋でごみを捨てることが求められるもので，後者は価格に手数料が含まれたシールを添付してごみを捨てることが定められるものです。つまり，袋やシールを購入する際に，間接的に手数料を支払います。

手数料の金額は市町村によって異なります。単純比例型を採用している451市について価格帯別の都市数をまとめたものが**表 6.1** です。手数料は市町村によってかなり異なりますが，30円台から40円台の都市が多いことがわかります。

最適なごみ処理手数料

ここで，ごみ処理有料化の仕組みについて，経済学的に考えてみましょう。**図 6.4** の横軸はごみの削減量，縦軸は費用を表します。また，X_0 はもともとのごみの排出量を表します（したがって削減量が X_0 のとき排出量はゼロになります）。

CHART 表 6.1 価格帯別都市数（2020 年 4 月現在）

大袋 1 枚の価格	都市数	大袋 1 枚の価格	都市数
10 円未満	3	50 円台	62
10 円台	29	60 円台	32
20 円台	66	70 円台	7
30 円台	97	80 円台	46
40 円台	104	90 円以上	5

（出所） 山谷修作（2020）『ごみ減量政策――自治体ごみ減量手法のフロンティア』丸善出版。

CHART 図 6.4 ごみ処理手数料とごみの削減量

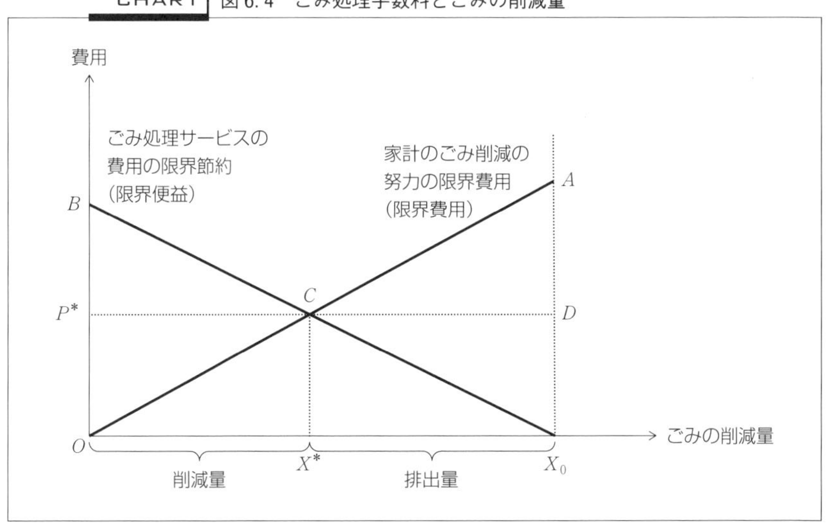

右下がりの線は，自治体がごみ処理サービスを供給するのにかかる費用の節約分を表します。家計がごみを削減すれば，その分だけ自治体が供給するごみ処理サービスは少なくてすみますので，ごみ処理サービスを供給するのにかかる費用は少なくてすみます。ごみ処理サービス供給の限界費用は逓増すると仮定すると，削減量が小さいほど 1 単位の削減による費用の節約は大きくなります。ごみ処理サービスを供給するのにかかる費用の節約はこのように右下がりの線で表されます。したがって，この線の高さはごみ削減の限界便益を表します。

一方，右上がりの線は，家計がごみを削減することの費用です。ごみを削減するためには，分別やリサイクルを行ったり，買い物のときにごみが出ないものを買ったりするといった努力が必要です。このような努力を行うのにかかる費用が，家計がごみを削減することの費用です。はじめは少しの努力でごみを減らすことができますが，徐々にごみを減らすのは難しくなり，1単位のごみを減らすのにより大きな費用がかかるようになります。このように，ごみ削減の限界費用は逓増すると仮定すると，家計のごみ削減の努力の費用は右上がりの線で表されます。この線の高さは，ごみ削減の限界費用を表します。

社会的に最適なごみの削減量は，ごみ削減の限界便益曲線と限界費用曲線が交差する X^* です。

ごみ1単位あたり P^* の手数料を徴収することで，社会的に最適なごみの削減量 X^* が達成されます。したがって，ごみの排出量は，X_0-X^* となります。このとき，家計は，もし排出を削減していたら負担しなければならなかった努力の費用 X_0ACX^* を負担せずにすんでいます。この費用の節約分が，X_0-X^* だけ排出することの便益です。一方で，ごみ1単位あたり P^* の手数料が徴収されますので，X_0-X^* だけ排出するための手数料 X_0DCX^* を支払います。したがって，家計が X_0-X^* だけのごみを排出することで得られる余剰は ADC となります。

ごみが X_0-X^* だけ排出されますので，その処理に X_0CX^* の費用がかかります。家計が DCX^*X_0 の手数料を納めますので，自治体には DCX^*X_0 の手数料収入があります。このうち X_0CX^* はごみの処理に使われますが，残りの X_0DC は自治体の一般財源への収入となります。これは自治体の黒字であり，他の公共サービスの財源として利用されると考えられますので，ここでは社会的余剰に算入します。その結果，社会的余剰は $ACX_0=ADC+X_0DC$ となります。

手数料が無料（$P=0$）の場合には，ごみ削減のインセンティブがありませんので，ごみの排出量は X_0（削減量は0）となります。このとき，ごみ排出による家計の余剰は，ごみ排出によって得られる効用 AOX_0 から手数料支払額0を差し引いた AOX_0 となります。一方，排出されたごみは自治体の一般財源からの支出で処理されます。自治体の一般財源からの支出は BOX_0 ですので，

社会的余剰は $ACX_0 - BCO$ となります。

ごみ処理手数料は有料ですが，手数料がごみ排出量に依存しない定額制の有料化の場合には，どれだけごみを排出しても負担額は変わりませんので，ごみ削減のインセンティブは働きません。したがって，手数料が無料の場合と同様に，ごみの排出量は X_0 となります。ただし，排出されたごみは家計から徴収された手数料で処理されますので，自治体の一般財源からの支出は0で，ごみの処理に必要な費用 BOX_0 を家計が手数料として支払います。その結果，ごみ排出による家計の余剰は，ごみ排出によって得られる効用 AOX_0 から手数料支払額 BOX_0 を差し引いた $ACX_0 - BCO$ となります。したがって，社会的余剰は $ACX_0 - BCO$ となります。

以上の分析から，従量制の有料化を行った場合に，社会的に最適な排出量が達成され，社会的余剰が最大になることがわかります。有料化を実施しても，それが定額制の場合には，ごみ削減のインセンティブが働きませんので，ごみの排出量は減らず，社会的余剰も手数料が無料の場合と同じになります。

山谷修作の研究によると，2000年度以降に単純比例型の従量制有料化を導入した155市のうち，97%の市で，有料化翌年度には1人1日あたりの家庭ごみ排出量が減少しており，10%以上減量した市が58%に上っています。ここから，有料化による減量効果は大きいことがわかります（山谷，2020）。

一方で，有料化にはさまざまな課題も指摘されています。たとえば，少数ですが定額制を実施している市町村がある点です。上で見たとおり，定額制にはごみ削減のインセンティブがありませんので，ごみ減量の効果は期待できません。

また，手数料が低いため削減のインセンティブが弱い点も問題です。手数料の支払が家計にとって負担でなければ，ごみ削減の効果は期待できませんが，不法投棄や不適正排出を誘発することに対する懸念や，次に述べる低所得者層の負担の問題を考えると，手数料をあまり高くすることはできません。

手数料の設定においては，低所得者層の負担を考慮する必要があります。日本の所得税では，収入が多い人ほど高い税率が適用される累進課税が採用されています。これに対して，有料化においては，すべての世帯に同じ排出1単位あたりの手数料が適用されますので，低所得者層の負担が相対的に大きくなるためです。

さらに，減税などを行わなければ，有料化の実施が実質的な増税になる点にも注意が必要です。ごみ削減のインセンティブを与えることだけでなく，ごみ処理のための財源調達も目的として手数料を導入する場合には減税などを行うことは困難ですが，その場合には，行政は住民に対して十分な説明を行い，合意形成を図る必要があります。

3 産業廃棄物の処理と不法投棄

産業廃棄物税

産業廃棄物税（**産廃税**）とは，産業廃棄物の排出事業者あるいは処理事業者に，排出量または処理量に応じて税金を課す制度です。処理事業者に課せられた税金は排出事業者に転嫁されますので，最終的には排出事業者が負担することになります。税が課せられると，排出に伴う負担が増加するため，排出削減のインセンティブが働き，産業廃棄物の排出が抑制されます。これにより，リサイクルが促進されたり，最終処分量が減少したりすることが期待されます。また税収を，産業廃棄物処理施設の整備や，産業廃棄物の減量化やリサイクル促進のための施策の財源に充てることも可能になります。税率は，多くの自治体で最終処分場へ搬入される産業廃棄物１トンあたり1000円です。

産業廃棄物は排出者が処理責任を負いますので，不法投棄のインセンティブがあります。そこに産業廃棄物税を課すと，さらに不法投棄のインセンティブを高める可能性があります。したがって，あわせて不法投棄の防止策についても検討する必要があります。

不法投棄

2019年度に新たに判明した産業廃棄物の**不法投棄**の件数は151件，投棄量は7.6万トンです。ピーク時の1998年頃に比べて大幅に減少していますが，過去に不法に投棄された大量の廃棄物が残存しており，2020年3月末時点における産業廃棄物の不法投棄および不適正処理の残存件数は2710件，残存量は1562.6万トンに上ります（『令和3年版　環境白書・循環型社会白書・生物多様性白書』）。

不法投棄に対する罰則は，個人の場合は5年以下の懲役，もしくは1000万円以下の罰金，またはその両方であり，法人の場合の罰金は3億円以下です。

なぜ不法投棄が行われるのかについて，経済学的に考えてみましょう。不法投棄が行われるのは，不法投棄を行うことで得られる利益が，不法投棄を行うことの費用よりも大きいためであると考えられます。ここで，不法投棄を行うことで得られる利益とは，不法投棄を行うことで節約される適正処理の費用です。一方，不法投棄を行うことの費用は，不法投棄が摘発された場合に科される罰則ですが，不法投棄が摘発されるかどうかは不確実であるため，ここでは不法投棄の費用として罰則の期待値を考えます。単純化のために，ここでは罰則として罰金のみを考えましょう。

不法投棄が摘発される確率を P_r，罰金の金額を f とすると，不法投棄の費用（罰金の期待値）は $P_r \times f + (1 - P_r) \times 0 = P_r \times f$ と表されます。一方，不法投棄を行うことで得られる利益（節約される適正処理の費用）を P と表すと，以下の条件が満たされるときに不法投棄が行われることになります。

$$(P_r \times f) < P$$

不等号の向きが逆になれば，不法投棄は行われません。そのためには，P_r か f，あるいはその両方を大きくすればいいことになります。ここから，不法投棄を防ぐためには，モニタリングを徹底するなどして摘発される確率を高めることと，罰金額を高めることが有効であることがわかります。

マニフェスト制度

不法投棄の防止を目的として**マニフェスト制度**が実施されています。これは，排出事業者が産業廃棄物の処理を委託する際に，マニフェストと呼ばれる複写式の管理票を交付し，自らが委託した産業廃棄物処理の状況を把握するものです。管理票は，産業廃棄物とともに，収集運搬，中間処理，最終処分の各業者に受け渡されていき，それぞれの業者は，排出者の指示どおりに運搬や処理を完了すると，排出者に管理票を返送します。排出事業者は，各業者から管理票を受け取ることで，指示どおりに処理が行われたことを確認できます。もし，いずれかの業者が不法投棄を行った場合には，それ以降の業者から管理票が返送されませんので，どの業者が不法投棄を行ったかを知ることができます。以上は紙の管理票を使用する紙マニフェスト制度の説明ですが，マニフェストの情報をオンラインでやり取りする電子マニフェスト制度も多く利用されています。

4 プラスチックごみ

プラスチックはさまざまな用途に利用されていますが，環境問題の原因にもなっています。たとえば，プラスチックの原料は石油であるため，石油の大量使用は資源の枯渇につながります。また，燃やすと二酸化炭素が発生しますので，地球温暖化を促進させます。そして，近年注目を集めているのが，陸上から海洋へ流出している大量のプラスチックによる海洋汚染（**海洋プラスチック汚染**）の問題です。

世界全体で少なくとも年間約800万トンのプラスチックごみが海洋に流出しているという試算や，2050年には海洋中のプラスチックごみの重量が魚の重量を上回るという試算があります（World Economic Forum, 2016）。海に流出した大量のプラスチックは，海の産業にも深刻な影響を及ぼしています。プラスチックごみを中心とした海洋ごみによって，アジア太平洋地域で2015年に発生した被害額は，漁業・水産養殖業で14億7000万ドル，運輸・造船業で29億5000万ドル，海洋観光業で64億1000万ドル，総額108億ドルという試算があります（Mcllgorm et al., 2020）。また，プラスチックは海の生態系にも深刻な影響を及ぼしています。クジラやウミガメ，海鳥などが，海に漂流しているプラスチックごみを餌と間違えて食べたり，プラスチック製の漁網に絡まったりして死んでいます。

5 mm以下の小さなプラスチックの粒子は**マイクロプラスチック**と呼ばれます。マイクロプラスチックには，洗顔料や歯磨き粉などに含まれる小さなプラスチック（マイクロビーズ）が排水などを通じて海に流れ出たものと，プラスチックごみが紫外線や波の影響で小さく砕かれたものがあります。プラスチックは自然に分解されないため，魚などの体内に蓄積される可能性があります。そして，それらを人が食べた場合，プラスチックが人体に取り込まれる可能性があります。マイクロプラスチックが人体に及ぼす影響はまだ科学的に解明されていませんが，プラスチックは有害物質を吸着する性質があるため，人体への悪影響が危惧されています。

海洋中に拡散したマイクロプラスチックは回収が困難です。したがって，プラスチックが海に流れ込むことを防ぐことが重要です。そのために，レジ袋や使い捨ての食器の使用を減らすこと（リデュース），シャンプーや洗剤は詰め替え用を使用し，容器を繰り返し使用すること（リユース），使用済みプラスチックから作られた再生プラスチックを原料とする製品を使用すること（リサイクル）などの3Rの取り組みを推進し，使い捨てされるプラスチックの量を減らすことが重要です。

日本では，3R＋Renewable（再生可能資源への代替）を基本原則としたプラスチックの資源循環を総合的に推進するための戦略である「プラスチック資源循環戦略」が2019年に策定されました。また，2020年7月からレジ袋の有料化義務化（プラスチック製買物袋有料化制度）が始まりました。さらに，2021年にはプラスチックごみのリサイクル促進と排出削減に向けた法律である「プラスチック資源循環促進法」が成立しています（2022年4月に施行予定）。

海洋プラスチック汚染に関する経済学的な研究も行われています。たとえば，アバーテらの研究は，北極圏にあるスヴァールバル諸島周辺の海洋プラスチック汚染の削減に対するノルウェー国民の支払意思額（WTP）を仮想評価法（CVM）で分析し，1世帯あたりのWTPの平均値は年間5485ノルウェークローネ（642ドル，約7万円）であることを明らかにしています（Abate et al., 2020）。これは，過去に実施された海洋ごみに関する研究で得られたWTPよりも高い金額です。このような高いWTPが得られた理由として，スヴァールバル諸島のユニークな生態系を保護することへの関心が高いことや，現在ノルウェーで海洋プラスチック汚染の問題が注目されていることなどをあげています。

5 循環型社会とデポジット制度

循環型社会形成のための法律

世界的な人口増加や新興国の経済成長などを背景とした資源需要の増加により，資源価格が高騰したり，資源の確保が困難になったりするおそれがあります。また，アジア諸国で廃棄物の輸入規制が相次いで実施されたことで，古紙や廃プラスチックを輸出することが困難になり，国内での余剰が深刻化しています。地球温暖化や海洋プラスチック汚染などの深刻化に加えて，これらの社会経済状況の変化により，従来の大量生産・大量消費・大量廃棄型の一方通行の経済（線形経済）を維持していくことは困難です。そこで，廃棄物の発生を最小化し，資源を循環させる経済（循環経済）への転換をめざした取り組みが行われています（経済産業省「循環経済ビジョン 2020」）。

循環型社会の形成を推進する基本的な枠組みとなる法律である**循環型社会形成推進基本法**は 2000 年に制定されました。この法律では，「循環型社会」とは，第 1 に製品等が廃棄物等となることを抑制し，第 2 に排出された廃棄物等についてはできるだけ資源として適正に利用し，最後にどうしても利用できないものは適正に処分することが徹底されることにより実現される，「天然資源の消費を抑制し，環境への負荷ができる限り低減される社会」であると定義されています。

また，この法律では，ごみ減量とリサイクル対策について，①**発生抑制**（リデュース），②**再使用**（リユース），③**再生利用**（リサイクル），④**熱回収**（サーマル・リサイクル），⑤**適正処分**といった優先順位が初めて定められました。なお，リユースとは，ビールびんを繰り返し使用するように，ものの形を変えずに繰り返し使用することを意味します。また，リサイクルとは，廃棄されたものを加工して資源に変えて，新たな製品の生産を行うことを意味し，必ずしも元の形のまま使用する必要はありません。サーマル・リサイクルは，ごみを燃やして，その際に発生する熱をエネルギーとして利用するものです。

CHART 表 6.2 循環型社会形成のための法律

制定・改正	法律名	主な内容
1995 年 6 月制定	容器包装リサイクル法	容器包装物のリサイクル
1998 年 6 月制定	家電リサイクル法	使用済み家電製品のリサイクル
2000 年 5 月制定	建設リサイクル法	建設廃棄物のリサイクル推進
2000 年 5 月制定	グリーン購入法	国等の公的機関によるグリーン購入の推進
2000 年 6 月制定	資源有効利用促進法	3R（リデュース・リユース・リサイクル）の推進
2000 年 6 月改正	改正廃棄物処理法	不適正処理の防止
2000 年 6 月制定	食品リサイクル法	食品廃棄物のリデュースとリサイクルの促進
2002 年 7 月制定	自動車リサイクル法	使用済み自動車のリサイクル
2012 年 8 月制定	小型家電リサイクル法	小型家電に含まれる有用資源のリサイクル

この法律では，事業者に**拡大生産者責任**（Extended Producer Responsibility：EPR）があることが示されました。EPR とは，メーカーなどの事業者が，その生産，販売した製品が使用済みとなり廃棄された後においても，引き取りやリサイクルなど一定の責任を負うという考え方です。

循環型社会形成推進基本法のもとに，廃棄物処理法と資源有効利用促進法，および循環型社会形成のためのさまざまな個別法が位置づけられています（表 6.2）。

リサイクル・リユースとデポジット制度

リサイクル・リユースを促進する制度の１つに**デポジット制度**があります。デポジット制度は，使用済みの容器回収のために導入されていることが多い制度です。この制度では，商品を購入したときに，その代金とともに一定の預託金（デポジット）を支払い，商品使用後に容器を返却することで，払戻金（リファンド）を受け取るものです。購入者にとってみれば，容器を返却するインセンティブがあることから，自発的な回収が促進されます。

使用済み容器は，歴史的に長い間，消費財の生産者によって回収されて再利用されてきました。容器を新たに生産する費用よりも，容器を回収し再利用する費用の方が安くついたからです。デポジット制度では，生産者の回収費用が節約される仕組みが工夫されています。このようなデポジット制度は，市場発生型と類別することができます。

しかし，新容器の製造費用の方が，回収再利用の費用より安くなっていくにつれて，生産者にとってのデポジット制度の魅力は失われていきました。代わりに使い捨て（ワンウェイ）容器が利用されていき，再利用に耐える容器よりも消費者に好まれる軽量性・利便性に重点を置いた容器が利用されるようになりました。しかし，こうしたワンウェイ容器は，消費後に廃棄されますので，資源循環型社会を構築しようとするときには，望ましくないものになります。

こうしたことから，政府がデポジット制度を義務づける場合もあり，政府強制型のデポジット制度として類別されます。

デポジット額（d）＝リファンド額（r）として，デポジット制度が容器飲料の需要と返却に与える効果を見てみましょう（図6.5）。デポジット制度が導入されていない場合，市場価格 P_0 のもとで Q_0 の飲料の消費が行われ，これに等しい数の容器が廃棄されます。デポジット制度のもとでは，消費者の購入価格は，もともとの商品の価格にデポジット額 d を加えたものになりますから，デポジットが高くなるほど購入量は少なくなり，図6.5では Q_d になります。ここに，生産者が政府強制型のデポジット制度に反対する理由があります。

一方，返却には時間と労力などの費用が発生します。これを返却費用と呼びます。また，追加的に1単位返却することで増える返却費用が限界返却費用です。返却量が多いほど，さらに返却量を増やすのは大変になりますので，限界返却費用は返却量とともに増加すると考えられます。市場での返却量は，限界返却費用とリファンド額 r が等しいところで決まりますので，リファンド額が高いほど返却量は多くなります。図6.5では，リファンド額 r に対する返却量は Q_r です。したがって，$Q_d - Q_r$ だけの廃棄が発生しています。

消費量を減らさず，かつ容器回収率を高くするためには，デポジット額は低く，一方リファンド額を高くすることが望ましいことがわかります。しかし，デポジット額＝リファンド額という制約のもとでは，どこかで折り合いをつける必要があるのです。もし，回収されない使用済み容器が，廃棄されることで何らかの被害をもたらすものであれば，リファンド額をできるだけ高額にし，回収率を十分高い水準にする必要があります。一方，商品の生産量が減少しないことを重視するのであれば，デポジット額は低い方が望ましいでしょう。デ

CHART 図6.5 デポジット制度が容器飲料の需要と返却に与える効果

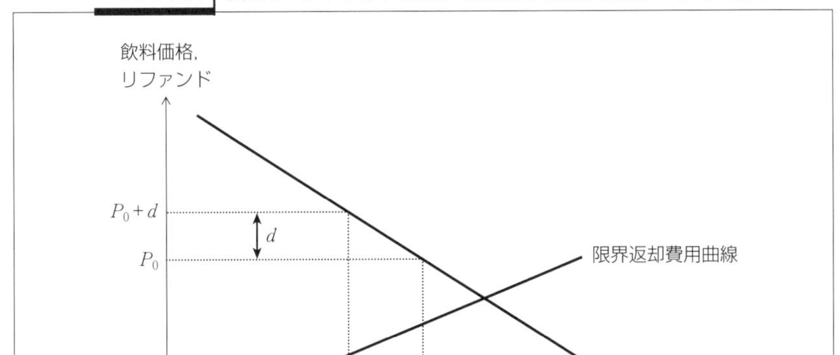

ポジット額を低くし，リファンド額を高くすると，預託金総額が払戻金総額を下回ることになりますが，その差額を，補助金を投入して埋めることができれば可能です。

デポジット制度は，資源回収のほか，ポイ捨てや不法投棄の防止，有害廃棄物などの普通ごみへの混入防止（アメリカの鉛バッテリーのケースなど）などを目的として導入されることがあります。海外では電池，自動車，タイヤ，蛍光灯などの幅広い製品にデポジット制度が導入されたことがあります。

資源回収を促進する制度は，デポジット制度以外にも，さまざまなものが取り入れられています。身近な例では，家計のごみの分別は，再利用可能資源とそうではない資源の分別費用を低減させ，ごみの資源化を経済的な方向に誘導する行為です。

循環経済（サーキュラー・エコノミー）

循環経済（サーキュラー・エコノミー）は，限られた資源を繰り返し利用することで，資源循環と経済成長の両立をめざす新しい経済の仕組みです。リサイクルやリユースだけではなく，財やサービスを個人間で共有・交換する「シェアリング」や，継続的に料金を支払い，サービスとして利用する「サブスクリプション」といった，消費者が財を所有しない，循環性の高い（長期使用，複数回使用，稼働率の向上等）新しいビジネスモデルの創出や拡大をめざします。従来の3Rが環境対策の取り組みであったのに対し，循環経済は廃棄物を出すことなく資源を循環させる経済の仕組みであり，循環性の高い新しいビジネスモデルの創出や拡大をもたらす産業政策としての性格が強い点が特徴です。

EUでは，2015年に循環経済実現に向けた行動計画「サーキュラー・エコノミー・パッケージ」が，2020年には取り組みをさらに推進するための新しい行動計画「ニュー・サーキュラー・エコノミー・アクション・プラン」が，それぞれ発表されました。後者は，2019年に発表された，脱炭素と経済成長の両立を図るEUの新たな成長戦略である「欧州グリーンディール」の中核に位置づけられています。

このように，ヨーロッパを中心に循環経済への移行の取り組みが積極的に進められていますが，日本でも，2020年に「循環経済ビジョン2020」が取りまとめられ，循環経済への移行をめざした取り組みが行われています。

●参考文献

・山谷修作（2020）『ごみ減量政策 —— 自治体ごみ減量手法のフロンティア』丸善出版。

・Abate, T. G. et al. (2020) "Valuation of Marine Plastic Pollution in the European Arctic: Applying an Integrated Choice and Latent Variable Model to Contingent Valuation," *Ecological Economics*, 169 (C).

・McIlgorm, A. et al. (2020) "Update of 2009 APEC Report on Economic Costs of Marine Debris to APEC Economies."

・World Economic Forum (2016) "The New Plastics Economy: Rethinking the Future of Plastics."

SUMMARY ●まとめ

□ 1 大量の廃棄物は，資源の枯渇，環境問題の発生，市町村の財政面での負担，最終処分場の不足などのさまざまな問題を引き起こしています。

□2 従量制のごみ処理有料化を行った場合には，社会的に最適な排出量が達成され，社会的余剰が最大になりますが，定額制の有料化の場合には，ごみ削減のインセンティブが働きませんので，ごみの排出量は減らず，社会的余剰も手数料が無料の場合と同じになります。

□3 不法投棄を防ぐためには，適正処理を行った場合よりも，不法投棄を行った場合の方が費用（罰金の期待値）が高くなるよう，モニタリングを徹底するなどして摘発確率を高めることと，罰金額を高めることが有効です。

□4 リサイクルやリユースを促進する制度の 1 つにデポジット制度があります。デポジット制度は，商品を購入したときに，その代金とともに一定の預託金（デポジット）を支払い，商品使用後に容器等を返却することで，払戻金（リファンド）を受け取るものです。購入者にとって容器等を返却するインセンティブがあることから，自発的な回収が促進されます。

EXERCISE ● 練習問題

6-1 以下の文章の空欄に四角の中から言葉を選んで文章を完成させなさい。

（Ⅰ） 廃棄物は，事業活動によって生じた廃棄物のうち法律で定められた 20 種である（　1　）と，（　1　）以外の廃棄物である（　2　）に分類される。前者は（　3　）に，後者は（　4　）に処理責任がある。

①一般廃棄物　②産業廃棄物　③家庭系ごみ　④事業系ごみ ⑤特別管理一般廃棄物　⑥排出世帯　⑦排出事業者　⑧市町村 ⑨都道府県

（Ⅱ） 5000 トンの産業廃棄物を処理する場合，適正処理に 3 万円/トンかかるとすると，適正処理にかかる費用は（　1　）円となる。不法投棄が発覚すると 3 億円の罰金が科される状況では，理論的には摘発確率（不法投棄が発覚する確率）が（　2　）% 未満の場合には不法投棄が発生する。また，もし摘発確率が 40% の状況で不法投棄の発生を防ごうと思えば，不法投棄が発覚した場合の罰金を（　3　）円より高額に設定する必要がある。

①1 億　②1.5 億　③1.6 億　④3 億　⑤3.75 億 ⑥20　⑦40　⑧50　⑨80　⑩100

（Ⅲ） 111 頁の図 6.4 には，ごみ処理サービスの費用の節約分と家計のごみ削減の努力の費用が描かれている。また，X_0 はもともとのごみの排出量を表す。ごみ処理手数料が無料の場合には，ごみ排出量は（　1　）となり，社会的

余剰は（　2　）となる。定額制の有料化の場合には，ごみ排出量は（　3　）となり，社会的余剰は（　4　）となる。従量制の有料化で，ごみ1単位あたりP^*の手数料が課されている場合には，ごみ排出量は（　5　）となり，社会的余剰は（　6　）となる。

①X^*　②X_0　③X_0-X^*　④0　⑤三角形ACX_0　⑥三角形BCO ⑦三角形ACX_0－三角形BCO　⑧三角形ADC　⑨三角形X_0DC ⑩四角形X_0DCX^*

CHAPTER

第7章

枯渇資源

ナウル共和国のリン鉱石産業（写真：Alamy/アフロ）。枯渇資源であるリン鉱石の採掘で国は繁栄していた（詳しくは Column ❼-1 を参照）。

INTRODUCTION

本章では，再生することのない資源である枯渇資源について考察します。枯渇資源は現在使用すると将来の利用可能性が減少する資源であり，現在の使用に際しては将来の利用可能性を考慮することが必要です。本章では，まず，現存する資源の分類を紹介し，枯渇資源の具体的なイメージを理解した後に，効率的な利用法を学びます。さらに，利用を続ければ回避できない資源枯渇に対して世代間の衡平性を実現するための条件やルールについて説明します。

1 枯渇資源とは何か？

石油・鉱石

枯渇資源とは，再生可能資源のように，自然のプロセスの中で増殖しない資源を一般に指します。そのため，再生可能資源のように，適切な水準を利用しながらストック量を維持するということができません。枯渇資源では，利用すれば必ずストックが減少するという宿命があります。

枯渇資源には，どのようなものがあるでしょうか。石油や鉱石が代表的なものです。これらは地中に埋蔵されている資源ですが，採掘され利用されることで，埋蔵量が減少します。こうしたことから，石油のように，実際に枯渇してしまう懸念が出されてきた資源も多いのです。ただし，埋蔵されているすべての資源がわかっているわけではありません。また，存在していることがわかっている資源であっても，次の２つの理由から必ずしも利用可能であるとは限りません。１つは，物理的に取り出すことができないという技術的な理由です。もう１つは，技術的に採掘は可能であるが，採掘しても採算がとれる見込みがないという経済的な理由からです。

マケルヴィー・ボックス・ダイアグラムとして広く用いられている分類方法では，資源の中で埋蔵量を明確に区別しています（図7.1）。資源とは，地中に存在するとすでに確認されている発見済みのもの，および未発見のものすべてを指します。一方，埋蔵量とは，資源のうち，地質学的確実性と経済的収益性の高いものを指します。地質学的確実性とは，地質学的にも存在と質（品位）が十分確認されていることをいい，経済的収益性とは，採掘すれば収益が期待できることをいいます。埋蔵量は，地質学的な確実性に基づき，確認資源量，推定資源量，予想資源量に分類されます。

経済学で，枯渇資源という場合には，技術的・経済的に利用可能という意味で，この埋蔵量を念頭に置いている場合が多いのです。埋蔵量を現在の年間の採掘量で割った値が，**残余年数**といわれるものです。したがって，技術が発展

CHART 図7.1 資源と埋蔵量

←地質学的確実性

↑経済的収益性

	発見済み資源量			未発見資源量	
	確認資源量	推定資源量	予想資源量	仮説的資源量	推測資源量
経済的	埋蔵量				
非経済的					

したり，資源価格が上昇し経済的状況が変化したりすることで，利用可能ではなかった資源も利用可能になれば，（新たに埋蔵量に付加される）資源を採掘し利用しても，残余年数が増加するというケースも出てきます。現在，石油の残余年数は50数年程度と見られています。

鉱物資源で，しばしば話題になるものに**レアメタル**があります。レアメタルは，リチウム，白金，レアアースなど31種の稀少金属を指し，自動車やIT製品の生産には欠かせない素材です。そのため，国の産業競争力を向上・維持するためには，レアメタルの安定的な確保が必要とされています。しかし，レアメタルの中には，その資源が偏在しているものも少なくありません。たとえば，レアアースとタングステンの供給は中国，プラチナの供給は南アフリカ共和国に集中しています。このため，国際需給の動向次第で，供給が不安定になってしまうリスクがあります。代替材料の開発やリサイクルは，こうしたリスクを低減する役割を果たします。

帯水層の水やリン

枯渇資源は，石油や鉱石に限りません。自然のプロセスの中では再利用可能な資源でも，その再生にかかる時間がきわめて長いことから，人間社会の時間と利用水準の中では実質的に枯渇資源として扱われるべき資源もあります。たとえば，帯水層の水やリンがそうです。

帯水層とは，水で満ちた地層のことで，地下水として利用されます。世界有数の帯水層にアメリカ中部の地中に横たわるオガララ帯水層があります。帯水層の水を利用しても，降雨などで自然のプロセスの中で水が満ちて補充される涵養（かんよう）が起きます。しかし，乾燥地帯では涵養にかかる時間がきわめて長いため，利用していくことで貯水量が減少していきます。オガララ帯水層は，乾燥地帯にあるアメリカ中部の穀倉地帯を支える水供給源になっていますが，貯水量が年々減少しています。

一方，リンは生物を構成する要素として，窒素やカリウムと並んで欠かせない無機栄養塩です。農業生産には，肥料としてきわめて重要なものです。リンはおもに陸上のリン鉱石に含まれ，浸食によってリン酸塩が土中に供給されます。このリンを吸収した植物（さらに植物を食べた動物）を食べることで，人間が摂取可能になるのです。動物が死んだり，植物が枯れたりすると，その中に含まれている栄養塩は，バクテリアや菌類などの土壌微生物により分解され，再び利用できるようになります。

一方で，栄養塩は土壌中から河川に流出し，さらに海洋に流入し，水生生物により摂取されます。リンの場合は，最終的に，多くが海洋底堆積物として蓄積されます。きわめて長い時間をかけて，海洋底が隆起し陸地になると，リンは再びリン鉱石として陸上生物に栄養塩を提供するようになるのです。こうしたリンの循環のサイクルを見ると，生態系の中での循環と，地球システムの中での循環があることがわかります。後者は，そのサイクルにきわめて長い時間がかかるものであるため，使用したリンが海洋に流出してしまえば，魚を捕らえる海鳥の糞（ふん）として陸上に還元されるなどの一部を除いて，陸上には付加されません。したがって，リン鉱石として陸上に存在するリンは人間社会にとっては本質的には枯渇資源と見ることができます。

しかし，リン鉱石は偏在しており，中国・アメリカ・モロッコで供給量の3分の2を占めていて，国際情勢によっては供給が不安定になるリスクがあります。世界の人口増大とともに食料需要が増加するにつれ，肥料としてのリン需要が上昇するでしょう。現在，リンの残余年数は，200年程度といわれていますが，肥料需要が拡大すれば，この年数も減少するでしょう。

現在と将来のトレードオフ

このように，経済学で考える枯渇資源には，石油や鉱物にとどまらない，さ

Column ❼-1 ナウル共和国

南太平洋に，ナウル共和国という島嶼（とうしょ）国があります。1968年，イギリスから独立してできた国です。その島の全周は19 kmで，人口が1万人ほどの小国です。

かつて，ナウルは大きな繁栄を遂げていました。その理由は，この島には，枯渇資源であるリン鉱石がふんだんに埋蔵されていたからです。独立以前は，イギリスが，自国の農業生産にこのリン鉱石を利用してきましたが，独立後，このリン鉱石販売の権利はナウルに入ることになりました。

毎年，巨額のリン鉱石販売収入をナウルは得るようになり，その収入で，国民の生活は豊かになりました。国民は無税であり，医療も無料で，しかもリン鉱石販売収入も配分されたのです。ナウルには島を一周する道路があります。国民がこの短い外周道路をドライブするために，外国から自動車を輸入することが流行しました。

もちろん，その繁栄がいつまでも続かないことは予想されていました。リン鉱石が枯渇してしまうからです。そうであっても，ナウルは，将来のための社会基盤形成の投資を怠ってしまっていました。また，農産物を輸入するようになったので，リンを豊富に消費できたのにもかかわらず，自国の土壌は劣化してしまい，農業を行うことができなくなりました。もちろん，ナウルも，海外投資を行って将来の財政基盤を構築しようとはしていましたが，投資先を精査せず，元本の多くを失ってしまいました。

その結果，やがて，リン鉱石の採掘量が減少し，ナウルは，21世紀には財政破綻に陥り最貧国に転落してしまいました。ナウルの例は，本章で紹介するハートウィック・ルールのように，枯渇資源を利用する場合には，何らかのルールに基づき，将来への投資が行われていくようにすることの重要さを伝えています。

（参考文献）　フォリエ，リュック（2011）『ユートピアの崩壊 ナウル共和国――世界一裕福な島国が最貧国に転落するまで』（林昌宏訳），新泉社（原著は2009年刊行：Nauru, l'île dévastée, La Découverte）。

まざまな再生可能な（しかし再生にきわめて長い時間がかかる）資源が含まれうることが理解できると思います。本章では，枯渇資源として，とくに断らないかぎり，鉱物のように，再生することのない資源を考えます。また，資源として，前述の「埋蔵量」の意味で，技術的に採掘可能で経済的にも採算がとれると予想されるものを想定して話を進めます。これは，稀少性のあるものの配分を考えるという経済学の目的に沿った想定です。

さて，枯渇資源の利用では，現在の利用量を増やせば，将来の利用可能量が減少してしまうという，「現在と将来のトレードオフ」が必ず発生してしまいます。したがって，枯渇資源の利用を行う場合には，常に将来を考慮することが必要となります。将来を考慮するとは，どのようなものでしょうか。1つは，資源の利用を効率的に（無駄なく）行うことです。効率的な利用を行うことができれば，将来により多くの資源を遺すことができるようになるでしょう。これは，資源の採掘と利用面で考えなければならないことです。

もう1つは，資源を利用していれば，将来に資源が減少してしまうことは不可避ですので，それを補償するための方策を行うことです。つまり，枯渇資源の代わりになる何かを将来に遺して，将来世代の経済活動への悪影響をできるだけ小さくしてやることです。この2つの面から，枯渇資源について考えていきます。

2 枯渇資源の効率的利用

ホテリング・ルール

通常の財では，社会的純便益が最大化される点まで生産を行うことが効率的な資源配分でした。これは，生産により外部費用が発生しない場合には，限界費用曲線（供給曲線）と限界効用曲線（需要曲線）との交点で表されました。枯渇資源の利用の場合には，まったく異なる形で，社会的最適が表されます。

枯渇資源の最適利用を考える場合も，社会にとっての需要側面と供給側面を考えることが必要となります。しかし，枯渇資源の場合は，前述のように，将来の利用可能性とのトレードオフが本質的な問題なので，現在だけではなく，将来の利用とあわせて考えることが必要です。

枯渇資源の利用の特徴を説明するために，需要・供給両面に次のような仮定を置いて考察を進めていきます。需要面では，資源に対する需要曲線が，現在

CHART 図 7.2 資源利用の便益と費用

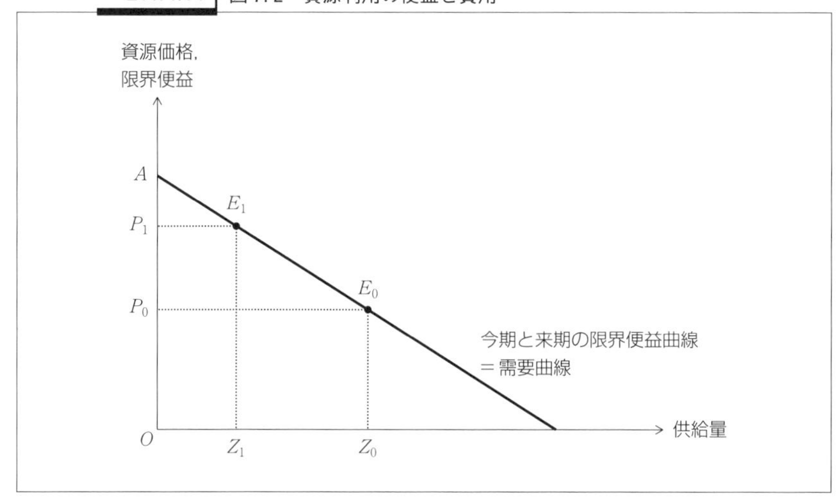

も将来も変化しないと仮定します。したがって，資源の供給量によって，現在と将来の資源価格が決定されます。

供給面では，生産（採掘）費用がゼロと仮定します。もちろん，現実には採取費用はゼロではありませんが，便益面のみに注目するため，ゼロとして考察していきます。したがって，どんな量を採掘しようとも，その費用はゼロになることから，生産の限界費用はゼロとなります。この場合，生産の限界費用曲線は横軸に一致します。この関係を表したのが，図 7.2 です。前述した，通常の財では，このような場合は，需要曲線と横軸との交点まで生産が行われるのが最適となり，そのとき市場価格はゼロになります。

しかし，枯渇資源の場合は，そうではありません。現在の生産水準が大きくなるほど，将来の供給可能量は減少してしまいます。したがって，将来の利用と現在の利用との兼ね合いをどこでとるかが問題となります。この問題を，今期と来期の2期間で考えてみましょう。

いま，資源量が S だけ存在しているとします。この資源量を今期と来期で利用するものとします。Z_0 と Z_1 を，それぞれ今期と来期の生産量とします。ここで，$Z_0+Z_1=S$ が満たされています。Z_0 が大きいほど Z_1 は小さくなります。また，P_0 と P_1 を，それぞれ今期と来期の資源の価格とします。一方，資源生産の限界費用はゼロですので，どの生産量であっても費用はゼロとなります。よって，限界便益曲線（需要曲線）は，社会的限界純便益曲線になります。

したがって，今期の社会的純便益 B_0 は，台形面積 OZ_0E_0A となります。来期の社会的純便益 B_1 は，台形面積 OZ_1E_1A となりますが，来期の純便益はそのまま評価せず，通常，次のように割り引いて**現在価値**に変換します。

割　引

利子率が 5% のときに 1 万円を貯金すると，1 年後に 1 万 500 円になります。利子率が 5% ですから，1 万円 × 0.05 = 500 円の利子が付くからです。換言すると，1 年後に 1 万 500 円を得るためには，いま，1 万円あればいいことになります。これは，1 万 500 円を 1.05 で割ることで求められます。このことを，1 年後の 1 万 500 円の現在価値は 1 万円であるといいます。

このように，将来のお金の価値を現在価値に変換することを割り引くといいます。また，この場合の利子率を割引率といいます。割引率を r とすれば，1 年後のお金の現在価値は，$1/(1+r)$ をかけてやれば求められることになります。この $1/(1+r)$ を割引因子と呼びます。同様の考えを適用すれば，2 年後のお金の現在価値は，$1/(1+r)^2$ をかけて求めることができます。

この考えに基づき，来期の社会的純便益の現在価値は，$B_1/(1+r)$ と表されます。そして，今期と現在価値に直した来期の社会的純便益を足し合わせた $B_0+B_1/(1+r)$ が，総社会的純便益 V となります。V が最大となる生産配分が資源の最適配分です。**図 7.3** は，来期の需要曲線の高さが $1/(1+r)$ 倍になっています。もし $r=0.1$（割引率が 10%）であるならば，来期の需要曲線の高さは，今期の 0.91 倍になります。

今期と来期の資源利用のトレードオフを表すために，**図 7.4** は，今期の限界便益曲線を O_0 を原点に，また，来期の限界便益曲線の現在価値を O_1 を原点にして描いています。横軸 O_0O_1 上の点が今期と来期の生産配分を示します。たとえば，Z' では，$Z_0=O_0Z'$，また，$Z_1=O_1Z'$ となります。この生産配分により V が決まります。生産の限界費用はゼロと仮定していますので，Z' では，今期の純便益 B_0 は $a+b+c$，また来期の純便益の現在価値 $B_1/(1+r)$ は $e+f$ になります。したがって，V は $a+b+c+e+f$ であることがわかります。

V が最大になる生産配分は Z^* です。このとき，$B_0=a+b$, $B_1/(1+r)=c+d$

CHART 図 7.3 限界便益曲線と割り引かれた限界便益曲線

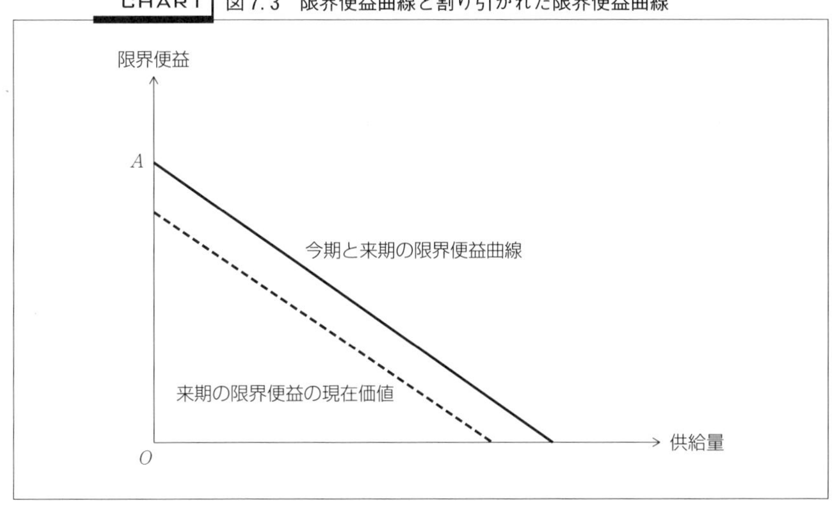

CHART 図 7.4 社会的最適資源利用

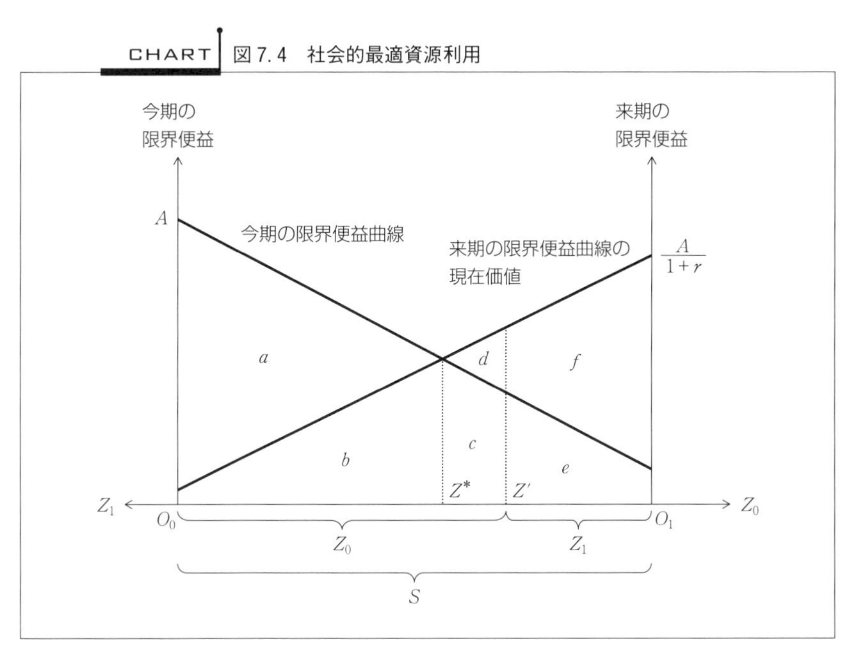

$+e+f$になり，$V=a+b+c+d+e+f$と，Z'の生産配分よりdだけ大きくなります。Z^*以外のどの点の生産配分であっても，VはZ^*においてより小さくなることが確認できます。

Z^*では，今期の限界純便益と来期の限界純便益の現在価値が等しくなっています。**図7.2**より，限界純便益の高さは，その期の資源価格に等しくなりますので，**図7.4**のZ^*においては，今期の価格と来期の価格の現在価値が等しくなっていることがわかります。すなわち，$P_0=P_1/(1+r)$が成立しています。この式から，簡単な計算により，

$$\frac{P_1-P_0}{P_0}=r \tag{1}$$

が得られます。$(P_1-P_0)/P_0$は，今期と比べた来期の資源価格の上昇率を意味します。たとえば$P_1=11$，$P_0=10$であれば，$(P_1-P_0)/P_0=0.1$であり，資源価格が10%上昇したことを示します。(1) 式は，資源価格の上昇率が利子率（割引率）に等しいことを表しています。この性質は，発見した経済学者ハロルド・ホテリング（1895-1973）にちなんで，**ホテリング・ルール**と呼ばれています。

ホテリング・ルールは，資源保有者の投資行動の観点からも説明することができます。いま，資源保有者が多数存在して，各自が今期どれだけ採掘して市場に供給するか決定するとします。さて，今期資源を1単位採掘すると得られるお金はP_0です。このお金を銀行に預けると，来期には，$(1+r)P_0$となります。一方，この1単位の資源を今期採掘せずに，来期に採掘して売却すれば，P_1が得られます。いま，これらの2つを比べてみましょう。

さて，このとき，もし，$(1+r)P_0>P_1$であれば，資源保有者にとっては今期採掘を進めることが有利となるので，将来に遺そうとする量は減っていくでしょう。その結果，今期の資源供給が増えることで今期の資源価格P_0が下がる一方，来期の資源供給が減ることから来期の資源価格P_1は上昇します。逆に，$(1+r)P_0<P_1$であれば，資源保有者は，今度は今期の採掘を控え，来期に採掘しようとするでしょう。この結果，P_0は上昇し，一方P_1は下落していくでしょう。この結果，資源保有者の投資行動から$(1+r)P_0=P_1$が成立し，(1) 式が得られることになります。

図 7.5　採掘費用がある場合の社会的限界純便益曲線

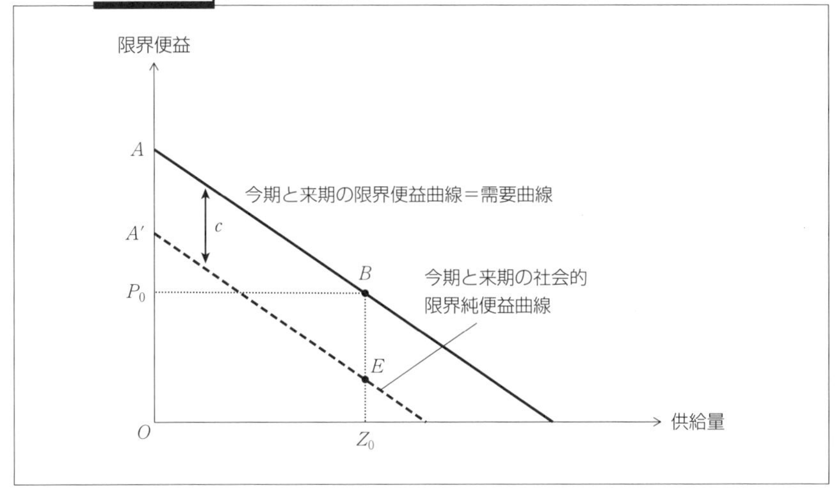

実際には，資源保有者が，来期の価格を確実に予想することは困難ですが，完全競争的な資源市場では，最適利用条件であるホテリング・ルールが実現することがわかります。

上記は，今期と来期の2期間での資源配分についての説明ですが，多期間にわたっても同様の性質が成立します。

ホテリング・ルールの意味するところは，興味深いです。枯渇資源の将来にわたる配分が効率的であるならば，資源価格が利子率と同じ率で上昇していくというものです。これは，図7.2でいえば，資源価格が上昇するということは，需要曲線に沿って Z が減少していくことを表しています。

一般化されたホテリング・ルール

さて，これまでは，採掘費用がかからない想定のもとで議論を進めてきました。実際は，採掘費用がゼロということは非現実的ですので，今度は，1単位採掘するのに c だけ費用が発生することを想定してみましょう。このとき，社会的純便益は，便益から採掘費用を引いたものになります。すなわち，社会的限界純便益は，限界純便益から c を引いたものになります。図7.5は，この採掘費用を考慮し，生産による社会の限界便益が c だけ低くなっている社会的限界純便益曲線が点線で描かれています。すなわち，社会の限界便益曲線＝需要

CHART 図 7.6 採掘費用がある場合の社会的最適資源利用

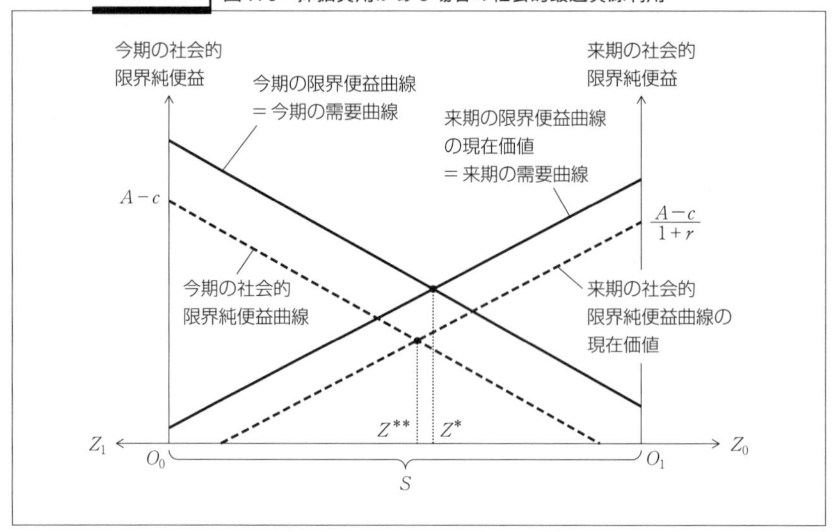

曲線と，社会的限界純便益曲線は c だけ乖離することになります。すると，Z_0 の生産量における社会的純便益は，$OABZ_0$ から総採掘費用 $AA'EB$ を引いた台形 $OA'EZ_0$ となります。これは，社会的限界純便益曲線の下の面積に等しくなることがわかります。

採掘費用がある場合，今期と来期の2期間で，枯渇資源の最適配分を考えると，どのような性質が得られるでしょうか。図7.6は図7.4の限界便益曲線を，採掘費用を考慮した社会的限界純便益曲線で置き換えたものです。ここで最適配分は，これまでと同様に，今期と現在価値に直した来期の限界純便益曲線が等しくなる点 Z^{**} で決定されます。一方，資源価格は，これまでと同様に限界便益曲線（需要曲線）と等しくなるように決定されますから，図7.6の Z^{**} では，今期の価格 P_0 から c を引いた P_0-c と，来期の価格 P_1 から c を引いた P_1-c の現在価値である $(P_1-c)/(1+r)$ が等しくなっていることになります。(1) 式と同様の計算により，総社会的純便益の最大化条件は，

$$\frac{(P_1-c)-(P_0-c)}{P_0-c}=r \tag{2}$$

となります。$P-c$ は，資源1単位を採掘して売ることによって得られる資源生産者の利潤で，レント（超過利潤）と呼ばれます。すなわち，(2) 式は，今

度は，資源価格ではなく，レントが利子率と同率で増加することを意味することになります。この性質を，**一般化されたホテリング・ルール**と呼びます。

なお，レント P_0-c は，枯渇資源の経済学の中では，使用者費用とも呼ばれます。現在，資源1単位を使用してしまうと，将来のその1単位を利用できなくなることから，$(P_1-c)/(1+r)$ の社会的純便益が失われてしまいます。すなわち，現在資源を1単位さらに使用することの機会費用が $(P_1-c)/(1+r)$ になります。この値は，ホテリング・ルールより，P_0-c に等しくなりますので，これが1単位の資源を使用する人が支払うべき費用となるのです。

3 技術革新と資源価格の上昇

資源価格が上昇し続けない理由

ホテリング・ルールでは，資源価格あるいはレントは，利子率と同じ率で上昇していくことが示されます。しかし，現実には，枯渇資源価格が上昇を続けているということを見ることはありません。それには，次の2つの理由があります。1つは，埋蔵量に加えうる新たな資源が発見されることです。また，既知の資源であっても，採掘が不可能だったり（技術的理由），採掘費用が十分大きく採算がとれる見込みがなかったりして（経済的理由），未採掘のままになっている資源も，現在価格が上がらなくても，経済的に採算がとれるほど技術が進歩することで採掘が始まり，供給量が増えていくことにあります。

近年の1つの代表例は，シェールガス・シェールオイルです。シェールガス・シェールオイルは，シェール層（頁岩（けつがん））にあるガス・石油のことを指します。これまでは，シェールガス・シェールオイルを採掘することの費用が大きく，その採取は経済的に採算がとれないものでしたが，水平掘削技術というシェール層にヒビを入れて回収する技術が発展し，一方，ガス・石油価格が上昇することで，採掘が十分に割の合うものになりました。シェールオイルは，新しい採掘方法を使わなくてはならない非在来型石油資源と位置づけられ，従来の採掘方法で生産する在来型石油資源とは区別されますが，広く石油資源として扱われます。21 世紀に入るとアメリカを中心にシェールオイルの生産が増加し，石油の国際価格を下落させる要因となりました。

将来世代への補償(1)——バックストップ技術

さて，枯渇資源の問題では，その利用の効率性を考えることが必要です。再生可能資源と異なり，増殖が不可能な資源なので，無駄を省いて利用することが重要だからです。この効率性に加えて重要な視点が，将来世代への配慮です。現在世代が資源を利用してしまうと，将来世代の利用可能性がその分減少してしまいます。もし，将来世代に配慮するならば，この減少分を，何らかの形で補償しなければなりません。この補償のカギは，代替，すなわち何かで置き換えてやることです。

代替には，2 つの方法があります。1 つは，技術です。たとえば，石油資源の代わりに，再生可能エネルギーのように，他の技術を用いてエネルギーを供給するといった方法があります。しかし，代替技術の中には，その価格が相対的に高く，現時点では，市場で利用されていない（顕在化していない）技術も多いのです。こうした技術を，**バックストップ技術**といいます。

いま，資源を生産の投入物として利用しているケースを考えましょう。資源価格が上昇し，バックストップ技術による投入物の価格と等しくなる時点で，市場ではバックストップ技術による投入物が顕在化し，その利用がスタートします。さらに，バックストップ技術の利用が拡大するにつれ，規模の経済が働いたり，技術革新が自律的に進展したりすることで，その価格が低下し，市場での利用が支配的になっていきます。すなわち，もともとの資源を使わなくてすむようになります。もし，バックストップ技術が，再生可能エネルギーのケースのように，別の枯渇資源に依拠するものでないならば，将来世代の資源の利用可能性を狭めることにはなりません。

しかし，資源価格がなかなか上昇しない場合は，バックストップ技術の顕在化に長い時間がかかることになります。**図 7.7** では，資源価格とバックストップ技術の利用価格 q が等しくなる時点を T^* で表しています。政策的に顕在化を早める代表的手段の 1 つは，バックストップ技術を利用する場合に，補助金を支給することです。これによって，現在の資源価格とバックストップ技術の

 図 7.7　資源価格とバックストップ技術の顕在化

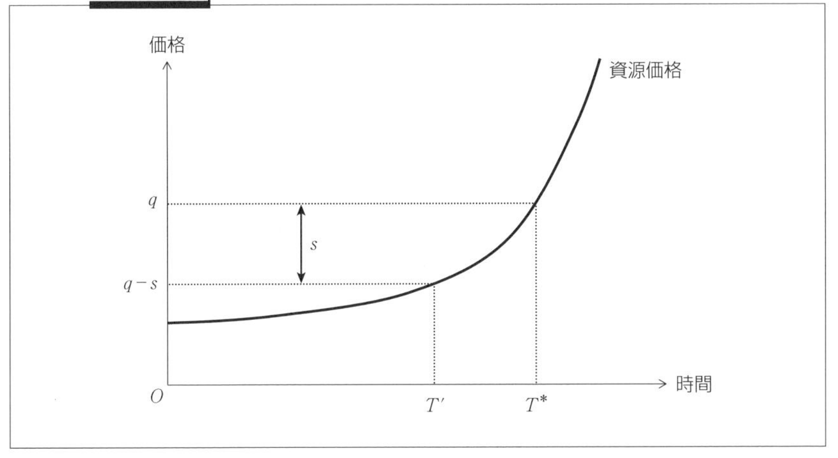

利用価格が等しくなる時期を早めることができます。図 7.7 では，補助金 s の導入でバックストップ技術の利用価格が $q-s$ となり，顕在化する時点が T' に早まります。再生可能エネルギーの利用や電気自動車など，さまざまなバックストップ技術が顕在化してきた背景には，こうした政府による補助金の支出があります。

将来世代への補償 (2)——ハートウィック・ルール

もう 1 つの将来世代への補償の仕方は，代替的な資本に投資を行うことです。枯渇資源の減少を，将来のために，他の資本を増やすことで補うのです。これにより，将来世代は，経済的な福利を低下させずにすむかもしれません。

具体的に，この代替投資の仕方を示すのが，**ハートウィック・ルール**です。いま，経済の総所得 Y が機械などの人工資本のストック水準 K と枯渇資源の利用水準 Z によって決まるものと想定しましょう。さらに Y は，消費 C と投資 I（人工資本ストック K を増大させること。増加分を Δ で表すと，$I=\Delta K$）に，$Y=C+I$ と分けられるものとします。また，枯渇資源の価格を P とし，採掘費用はゼロと仮定します。

ハートウィック・ルールは，枯渇資源の利用による収入である PZ に等しい額を，すべて人工資本に投資する，すなわち $I=PZ$ とするというものです。

したがって，各期を添え字 t で表すと（今期は $t=0$），人工資本は，毎期 P_tZ_t の大きさで蓄積されていきます。すると，次の世代ではこの人工資本の増大による生産の増加によって，枯渇資源の減少分を埋め合わせることができます。ハートウィック・ルールは，もし枯渇資源の利用が効率的に行われるならば，このルールに基づく各世代の消費水準は，すべて等しくなるというものです。すなわち，

$$C_0 = C_1 = \cdots = C_t = C_{t+1} \cdots$$

が成立します。このように，ハートウィック・ルールは，シンプルな世代間の衡平性を実現するルールになります。

SUMMARY ●まとめ

□ 1 マケルヴィー・ボックス・ダイアグラムは，資源を埋蔵量とそうでない資源に分類します。分類は存在の確からしさと採掘の経済性によって決まります。

□ 2 採掘費用がゼロであるとき，枯渇資源の生産・利用が効率的であるための条件は，資源価格の上昇率が利子率に等しくなることです。これをホテリング・ルールと呼びます。採掘費用があるときは，この条件は，レントの上昇率が利子率に等しくなると言い換えることができます。

□ 3 バックストップ技術の顕在化は，資源価格がバックストップ技術の利用価格と等しいときに起きます。補助金政策などで，顕在化する時期を早めることが可能です。

□ 4 ハートウィック・ルールは，枯渇資源の利用による収入に等しい額をすべて人工資本に投資すると，各世代の消費水準はすべて等しくなることを示します。これは，シンプルな世代間の衡平性を実現するルールです。

EXERCISE ● 練習問題

7-1 以下の文章の空欄に四角の中から言葉を選んで文章を完成させなさい。

枯渇資源とは，石油や鉱物などの非（ 1 ）資源のことをいう。これは，自然に増加することなく，現在使用してしまうとそれだけ（ 2 ）の利用可

能性が減少する資源である。また，埋蔵量とは，（　3　）確実性と（　4　）収益性が高い，（　5　）資源を意味する概念である。

①経済的　②現在　③再生可能　④将来　⑤地質学的　⑥発見済　⑦未発見

7-2 以下の文章の空欄に四角の中から言葉を選んで文章を完成させなさい。

枯渇資源の効率的利用条件を（　1　）ルールという。これは，資源価格の上昇率が（　2　）に等しいという条件である。

①成長率　②ハートウィック　③ホテリング　④利子率

7-3 133 頁の図 7.4 に基づき，利子率が上昇すると，現在と将来の資源の利用量がどのように変化するか確認しなさい。

7-4 技術革新により採掘費用が低下したとする。このとき，現在と将来の枯渇資源の採掘量はどのように変化するか。136 頁の図 7.6 を用いて考えてみなさい。

CHAPTER

第8章

再生可能資源

次々と水揚げされる
クロマグロ（写真：共同）

INTRODUCTION

本章では，再生可能資源について説明します。再生可能資源は，人間が消費したからといって必ずしも減ってしまう資源ではありません。再生可能資源の代表的なものである動植物のように，自然の状態で増殖するからです。しかし，そのような再生可能資源であっても減少するものも多いのです。本章では，資源の再生メカニズムと最適な利用を学び，持続可能な資源管理について理解していきます。

1 再生可能資源の現状

再生可能資源と持続可能性

経済は自然からさまざまな資源を投入します。ソースとして自然を利用しているのです。直接消費される資源もあれば，生産のための原材料となる資源もあります。本章では，こうした資源のうち，再生可能資源と呼ばれる資源について勉強します。

再生可能資源は，増殖してくれる資源です。ですから，再生可能資源では，資源を採取しても，採取した分だけ資源全体が減少するわけではありません。たとえば，採取する資源量が増殖量と一致するならば，資源の全体量は変化しません。

再生可能資源には，どのようなものがあるでしょうか。森や魚などの動植物が代表的なものですが，生物ではない水も，蒸発と降雨のサイクルの中で新たに供給され，利用してもその分減少するわけではありませんので再生可能資源といってよいでしょう。また，大気や水の質は，汚染されてもやがて浄化されるという意味で，やはり再生可能資源に含まれるでしょう。その意味で，再生可能資源は，動物や植物の生物資源だけではなく，水などの非生物資源を含むものと定めることができます。

再生可能資源が重要なのは，資源を消費や原材料に利用できるという理由からだけではありません。資源が存在することそれ自体がさまざまなサービスを提供することで社会に便益を与えてくれます（この点は「第9章　生物多様性」で扱います）。しかし，本章では，実際に資源を採取して利用することによる便益に焦点を絞って，話を進めます。また，再生可能資源として動植物などの生物資源を念頭に置いて考えていきます。

再生可能資源を見るときの重要なポイントは**持続可能性**です。過剰に利用しなければ資源を次の世代に減らすことなく渡すことができ，将来世代も資源の十分な利用が可能となるでしょう。しかし，現在世代が大量に利用してしまえば，将来に遺す資源は大きく減少してしまったり，消滅してしまったりして，将来世代にとって利用不可能になるかもしれません。ですから，資源の利用は将来世代も利用できるという意味で持続可能な範囲で行わなければなりません。

このように，再生可能資源は利用と保全のバランスをとりながら，適切に管理していく必要があるのです。では，どのような管理が望ましいのでしょうか。これを勉強するのが本章の目的です。まず，再生可能資源として重要な漁業資源の例を見てみましょう。

漁業資源

魚は，私たちが利用する最も身近な再生可能資源の1つです。日本では，漁業資源を，2つの観点から評価しています。1つは，その資源の水準です。これは，過去20年以上の長期間にわたる漁獲量の推移により，現時点の資源量を推定して，高位・中位・低位の3つの段階で評価されます。もう1つの観点は，動向です。これは，過去5年間の資源量・漁獲量の推移により，「増加傾向・横ばい・減少傾向」の3つの段階で，評価するものです。

政府は，日本周辺水域の主な水産資源についてこうした観点から資源評価を行っています。2020年度の42魚種・66系群についての評価結果では，高位評価が15系群（23%），中位評価が16系群（24%），低位評価が35系群（53%）となります（系群とは，1つの魚種の中で，産卵場・産卵期・回遊経路等の生活史が同じ集団のことをいいます）。評価対象の半分が，低位にあるわけです。**図8.1**には，その推移についてまとめてあります。

国際漁業資源については，FAO（国際連合食糧農業機関）が，①過剰利用または枯渇状態にある資源，②満限利用状態の資源，③適度または低・未利用状態の資源の3つに分類しています。**図8.2**が示すように，2013年時点の資源の状態は，1974年と比較すると，過剰利用にある資源の割合が，10%から31%に増加しています。さらに，世界の総漁獲量で上位10位までの水産資源の多くが満限まで利用されたり，過剰に利用されています（満限とは，漁獲量がその資源にとって持続的に達成可能な最大の漁獲量に達している状態のことをいいます）。このことより，より適切な漁業資源管理の必要性が高まっています。

国際管理が強く求められている魚種に，本マグロの名前で知られる太平洋ク

CHART 図 8.1 日本周辺水域の水産資源の現状

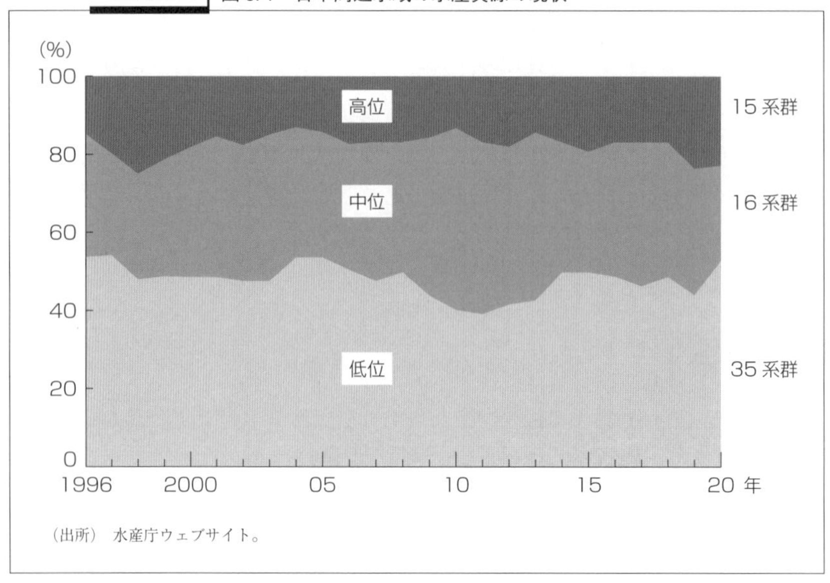

（出所） 水産庁ウェブサイト。

CHART 図 8.2 国際漁業資源の状態

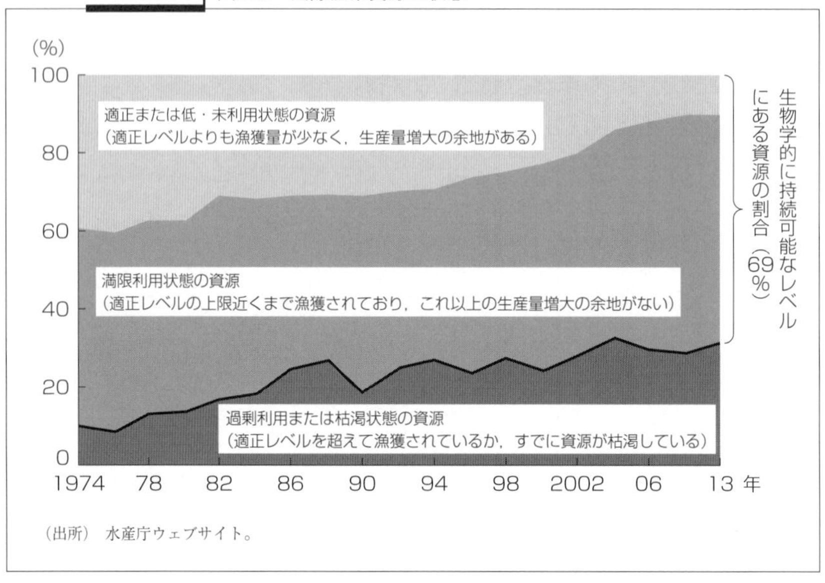

（出所） 水産庁ウェブサイト。

ロマグロがあります。太平洋クロマグロは太平洋に回遊していますが，世界的なマグロ需要の高まりから漁獲高が増大し，その資源量を96% 減らしたといわれる魚種です。このため，近年，資源量は，過去最低水準に近いと推測されており，26カ国が加盟する中西部太平洋まぐろ類委員会（WCPFC）での漁獲制限に向けた取り組みが話し合われるなど，国際的資源管理が行われています。

重要な規制目標の1つは，未成魚（3歳未満）を獲らないことです。現在，太平洋クロマグロの漁獲量の実に99% が未成魚です（尾数換算）。獲られた未成魚は，卵を産む前に死んでしまうことになり，次世代を残せません。資源回復のためには，重量が30 kg 未満のクロマグロの漁獲を制限することが必要だとされ，実際，大西洋クロマグロでは，30 kg 未満の漁獲は大幅に制限しています。太平洋クロマグロでも，未成魚の漁獲を50% まで削減する規制が検討され，この規制のもとでは，資源回復が実現できると見込まれています。日本では，こうした未成魚の漁獲量について，全国的な規制が導入されました。

近年，日本に馴染みのある魚種で資源の減少が懸念されるのはニホンウナギです。ニホンウナギは，5年から15年間，河川や河口域で暮らし，その後，日本から約2000 km 離れたマリアナ諸島付近の海域まで移動して産卵するといわれています。卵が孵化して生まれた仔魚（しぎょ）は，やがてシラスウナギという親ウナギと同じ形状になり，日本沿岸に戻ってきます。ニホンウナギの養殖は，このシラスウナギを獲って生育させています。

ニホンウナギについては，その生態など未知の部分が多く，その生息数についてもわかっていません。しかし，シラスウナギの採捕量が，変動はあるものの長期的に低迷し，また減少傾向にあることから，ニホンウナギはその数を減らしているものと推測されています。その背景には，親ウナギとシラスウナギの過剰漁獲や生息環境の悪化などが指摘されています。現在，日本は，ニホンウナギを利用する中国，韓国，台湾と国際的な資源管理体制をとり始め，漁獲量を減らすことに合意しましたが，より強い規制が必要だという声もあります。

なお，種の絶滅危機の度合いを表す国際自然保護連合（IUCN）の**レッドリスト**（2021年）では，ニホンウナギは，近い将来における野生での絶滅の危険性が高い絶滅危惧IB類に掲載されています。ちなみに，これはミナミマグロと同じです。

再生可能資源の管理

生物の自然増加数と持続可能な管理

本節では，魚をはじめ，動物・植物などの生物資源を取り上げて再生可能資源の経済モデルを説明します。資源水準を，その生物の現存する個体数で表します。生物資源は，自然の中で他の生物に捕食されたり自然死したりすることで，個体数は減ります。一方，繁殖を通して個体数は増加もします。これが増殖です。一定期間内の増殖数から減少数を引いたものが生物の自然増加数です。自然増加数は資源の再生力を表しています。

さらに，採取などの人間活動によって資源の個体数は減少します。もちろん，採取だけではなく，開発や汚染によっても，自然に生息する生物は減りますが，ここでは利用を目的とした採取という人間活動のみを考えることにします。

この人間活動による採取数と自然増加数の違いにより，総個体数は変動します。前者が後者より大きい場合には，総個体数は減少することになります。これに対して，採取数が自然増加数の範囲に収まる場合には，総個体数は減少することがありません。こうした形で資源を管理することを**持続可能な管理**といいます。

しかし，一口に持続可能な管理といっても，どの水準での管理を指すのか一義的に決まるわけではありません。たとえば，個体数が多いときと少ないときでは，増殖数が異なるので自然増加数は異なるはずです。言い換えれば，現存する資源ストックの水準に依存して資源の再生量は決まり，持続可能な利用水準も異なるでしょう。ところが，資源ストックが大きいほど，自然増加数も大きくなるとは限りません。たとえば，魚を考えると，親が産んだ卵がかえっても，稚魚はエサがないと死んでしまって，繁殖できるまで成長することはできなくなるでしょう。エサの総量が変わらなくとも，魚の個体数が大きい場合には，エサの取り合いになるためエサをめぐる競争が激しくなることで，自然増加数は必ずしも大きなものとはならない場合があるのです。

こうしたことから，再生可能資源の管理を考えるためには，どの水準に個体数と採取数を維持することが望ましいかをしっかりと考えなければなりません。たとえば，資源保護の観点から見れば個体数は大きいほど望ましいでしょう。一方，採取して最大限利用したいという観点から見れば，自然増加数が大きくなるような個体数に着目するでしょう。

このように，再生可能資源の管理とは，対象とする資源の自然増加水準，人間にとっての資源を利用することの有用性，そして保護の必要性など，さまざまな側面を考慮して行う必要があるのです。

ロジスティック成長曲線

これから，再生可能資源の管理について考えるために，個体数（資源ストック）と自然増加数の関係を，グラフを用いて説明します。

まず，生物資源ストックは，人間活動がない場合でも，エサや生息空間の大きさなどの何らかの制約のために，その個体数が増加し続けることはできません。こうした制約により決定される，存在可能な個体数の上限を**環境容量**といいます。この概念を理解しましょう。

自然増加数はエサの量に大きく影響を受けますが，エサだけではなく，繁殖の可能性も重要です。エサの量が十分な場合でも，雄と雌が接触する機会が少ない場合は，繁殖が起きにくいのです。この接触の機会は，個体数が多いほど高まります。

このように考えると，個体数が少ないときは，十分なエサを得ることができますが繁殖の可能性が低いため，自然増加数も小さくなると考えられます。一方，個体数が大きくなるにつれ，繁殖の可能性が高まります。エサの制約が弱い場合には，自然増加数も大きくなるでしょう。しかし，環境容量まで個体数が増加すると，エサの制約のために生き残る子孫の数は少なく，成長して自然死する数しか子孫として残せなくなります。このとき，自然増加数はゼロとなります。

図 8.3 は，個体数と自然増加数の関係を単純な形で表したものです。この曲線を**ロジスティック成長曲線**といいます。この曲線の高さが自然増加数を表しています。ある時点での個体数を S_1 とすると，自然増加数は ΔS_1 で表されま

CHART　図 8.3　ロジスティック成長曲線(1)——単純な形

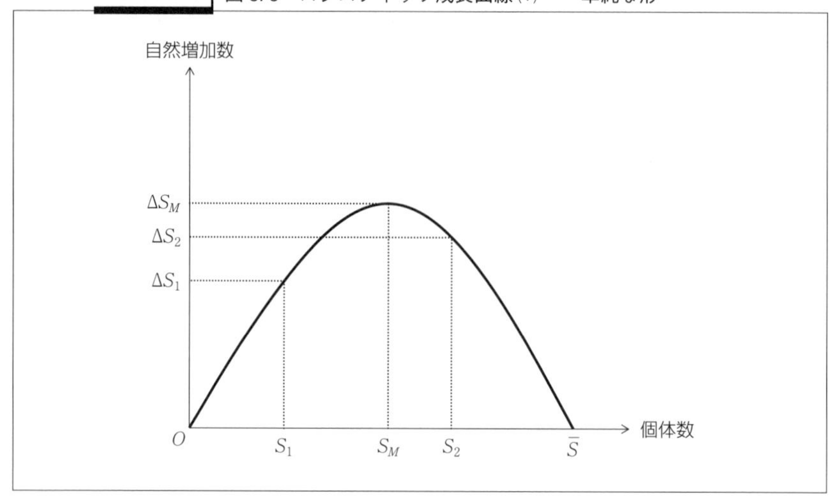

すから，人間活動による採取がなければ，時間の経過とともに，個体数は増加していきます。個体数が増加すると自然増加数も増えていきますが，S_M を超えるとエサの制約が強まって，自然増加数は減少していきます。たとえば，S_2 のときの自然増加数は，S_M のときより小さいことがわかります。言い換えれば，S_M のときに自然増加数は最大となります。

S_M を超えても，自然増加数が正であるかぎり，個体数は増加していきます。しかし，個体数が $\bar{S}$ になると，誕生して成育する子供の数が，自然の中で死んでいく数とちょうど等しくなり，自然増加数はゼロとなります。$\bar{S}$ のもとでは，時間が経過しても，その個体数は維持されていくことになります。

この単純なロジスティック成長曲線では，個体数が少なくなったときに繁殖の可能性が極端に低くなることは考慮されていないことに注意してください。繁殖の可能性を考慮すると，より複雑なグラフになります。たとえば，**図 8.4** の曲線は，個体数が S_c で自然増加数がゼロとなり，S_c を下回ると，自然増加数が負になってしまうことを表しています。これは，個体数がある数を下回ると，エサは十分にあっても繁殖が難しくなってしまう生物資源を表しています。このような生物では，S_c を下回ると，時間の経過とともに個体数がゼロに向かって減少を続けてしまうことになります。

本書では，図 8.3 で自然増加数が表される資源のみの管理を考えていきます。

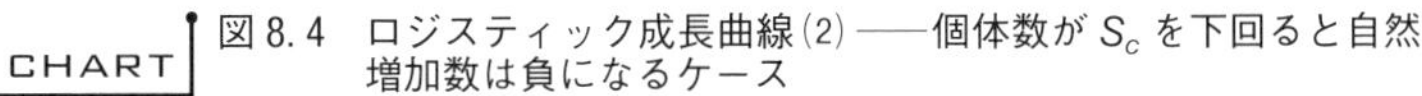
CHART　図 8.4　ロジスティック成長曲線(2)――個体数が S_c を下回ると自然増加数は負になるケース

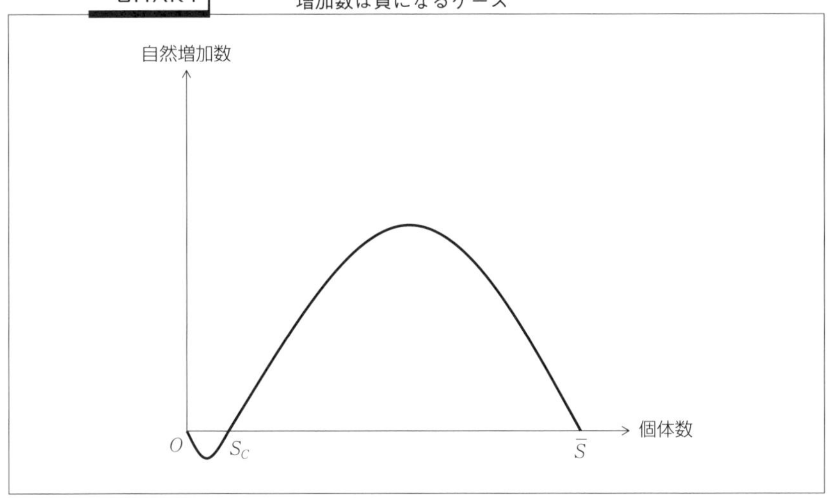

資源採取の経済活動

次に，いよいよ人間活動を導入します。人間による採取が，自然増加数を上回るならば，個体数は減少します。たとえば，図 8.3 において，個体数が S_2 のとき，採取数が ΔS_2 を超えるならば，個体数は S_2 から減少していくでしょう。一方，採取数が ΔS_2 を下回れば，個体数は増大します。先に述べたように，本章では，持続可能な管理を，人間が，自然増加数の分だけ資源を採取することと考えます。このような管理のもとでは，個体数は変動しないことになります。こうしたことから，自然増加数のことを，**持続可能生産量**ということもあります。

それでは，どの水準の個体数を維持するのがよいのでしょうか。1 つの考えは，資源保護の観点から，できるだけ大きな個体数を維持することです。そうすると，$\bar{S}$ の個体数が望ましいということになります。しかし，このとき，持続可能生産量は明らかにゼロです。人間社会がまったく資源を利用できないということになってしまいます。

資源利用という観点からは，人間社会にとって望ましい個体数は，最大限資源を利用し続けることのできる水準 S_M です。このとき，社会は，ΔS_M の水準だけの資源を利用できるからです。この利用水準を**最大持続可能生産量**といいます。しかし，本当にこのような資源管理が望ましいのでしょうか。実は，資源管理を考える際に，もう１つ重要な点があるのです。

それは，資源を採取する費用や資源を利用することによる便益です。自然の中で資源を手に入れるためには，労働や設備などさまざまな費用である採取費用が発生します。さらに，採取した資源を利用することによる便益も重要です。たとえば，最大持続可能生産量で資源を利用できたとしましょう。しかし，採取費用が過大であり，一方で，資源から得られる便益が十分小さいような場合には，採取量がもっと少なくとも費用のより低くなる生産水準で資源を維持したいと思うでしょう。

このとき，こうした便益や費用を考えると，最大持続可能生産量を実現することは，必ずしも望ましい目標ではないかもしれません。望ましい資源管理を見つけるためには，採取費用と便益について考えなければならないのです。

採取努力と採取量

いま，資源として漁場の魚を考えてみましょう。魚をとるためには，船に乗って出船しなければなりません。また，そのためには時間もかかります。資源を採取するために，このようにかかる設備や労力を**採取努力**といいます。

採取努力が大きいほど，採取量は増加します。しかし，採取量を決めるものには，採取努力の他にもう１つの要素があります。それは，個体数です。同じ時間釣りをしても，魚が多くいるほど，多く獲れることは，理解できるでしょう。すなわち，採取量は，採取努力と個体数に応じて決まり，両者が大きいほど増加することがわかります。

この関係を表したものが，図 8.5 です。直線 a は，採取努力 E を E_1 に固定したときの採取水準を示す採取曲線を表しています。個体数が大きいほど，採取量が大きくなることがわかります。直線 b は，採取努力が E_1 より大きい E_2 に増加したときの採取水準を，やはり個体数との関係で表したものです。採取努力が大きいため，すべての個体数の水準で，a よりも採取量が大きくなります。

次に，この採取直線をロジスティック成長曲線に重ね合わせます。すると，個体数に対応して，自然増加数と採取量の２つの水準を比較することができま

CHART　図 8.5　採取努力・個体数と採取量

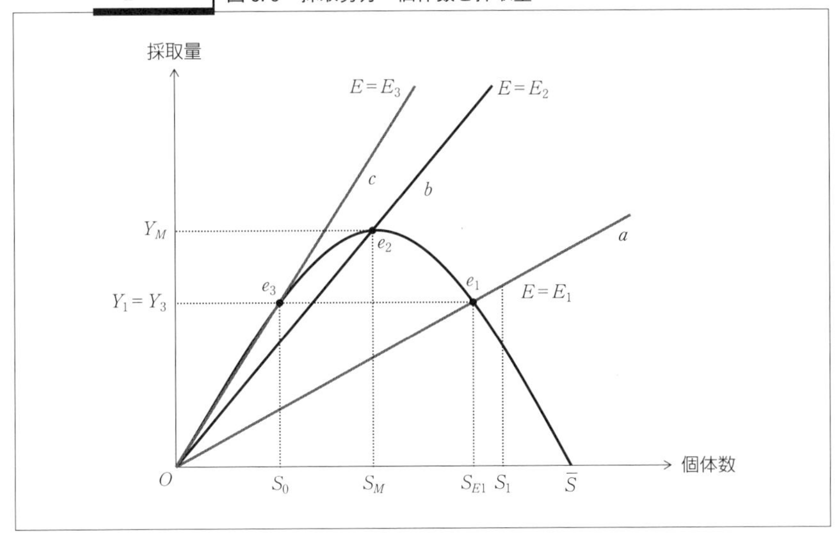

す。いま，採取努力が E_1 である採取曲線 a を見てみましょう。たとえば，個体数が S_0 のときには，自然増加数は採取量より大きいため，個体数は増加する傾向を示します。一方，個体数が S_1 のときには，採取量が自然増加数より大きいため，個体数は減少していきます。このような増加と減少は，自然増加数と採取量が等しくなるまで続きます。点 e_1 がそうです。このとき，個体数 S_{E1} のもとで採取量 Y_1 を永続的にとり続けることができます。このような点を持続可能均衡点と呼ぶことにします。図 8.5 には，E_1 と異なる採取努力 E_2 と E_3 に対応した採取曲線 b，c が描かれています（$E_3>E_2>E_1$）。それぞれ，持続可能均衡点が e_2 と e_3 で表されています。持続可能均衡点での資源の個体数は，採取努力が大きいほど小さいものとなります。

採取努力 E_2 のもとでは，自然増加数が最大となり，持続可能な採取量 Y_M が実現します。採取努力 E_3 のもとでは，持続可能な採取量 Y_3 は，たまたま Y_1 と一致しますが，資源の個体数 S_0 は S_{E1} より低い水準になります。

採取費用と収入

採取努力を金銭価値で表したものを**採取費用**といいます。採取努力が大きいほど，採取費用も大きくなります。図 8.5 の 3 つの持続可能均衡点で比較する

Column ❽-1　奄美大島のマングース捕獲

採取関数としてよく用いられるシェーファーの関数は，採取量を X としたとき，

$$X = cES$$

と表されるものです。ここで c は正の定数です（図 8.5 の採取曲線はシェーファーの関数を仮定しています)。ここで，c が推測できれば，採取量 X と捕獲努力水準 E から，存在する個体数 S が求められることになります。

マングースは日本の代表的な外来種です。奄美大島では，以前，ハブを退治するという期待のもとでマングースを東南アジアから導入しました。しかし，マングースはハブを退治するよりも，容易に捕獲できる島の在来生物（アマミノクロウサギなど）を捕食し，アマミノクロウサギが絶滅危機に陥ってしまいました。そのことから，行政によるマングースの捕獲努力が続いています。

以下の図 1 は，捕獲努力であるワナ数と捕獲数の関係を表しています。捕獲努力が増える一方で，捕獲数が減っていることから，マングースの数が大きく減少していることが推察されます。

図 1　奄美大島におけるマングースの捕獲数と捕獲努力

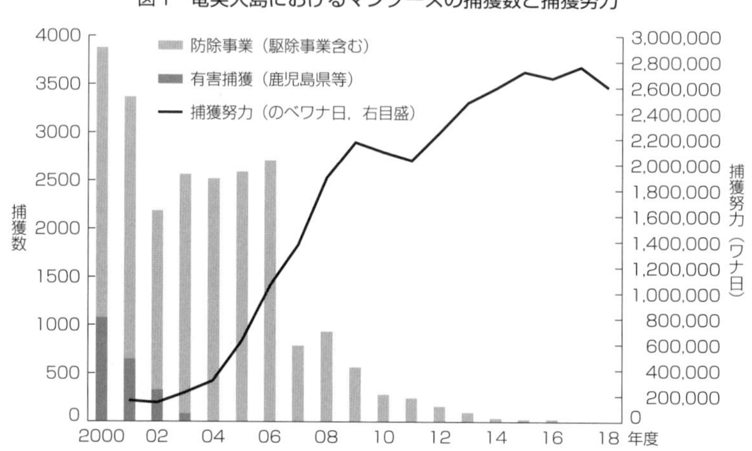

（注）ワナ日＝ワナの数×ワナ有効日数。
（出所）環境省沖縄奄美自然環境事務所ウェブサイト。

と，最も採取努力が大きい e_3 の採取費用が最大になります。次いで e_2 となり，e_1 は最も採取費用が小さい点となります。持続可能均衡点がロジスティック成長曲線上を $\bar{S}$ からゼロに向かうほど，採取努力は大きく，そして，採取費用は上昇していきます。

今度は，e_1 と e_3 を比較しましょう。いずれの点でも持続可能採取量は等しくなりますが，採取費用は e_3 が大きく，資源の個体数は e_1 が大きくなります。同じ Y_1 だけの採取量を維持するのであれば，費用が小さく，資源がより大きい e_1 が望ましいと思うでしょう。このことを，もっと詳しく見ていきましょう。

Y_1 の持続可能採取量が，E_1，E_3 という 2 つの異なる採取努力により実現できることがわかります。同様に，Y_M を除くすべての実現可能な持続可能採取量に対して，2 つのレベルの採取努力があることが確認できます。低い方の採取努力を採取努力 L，高い方を採取努力 H とします。また，採取費用にも，努力に対応した 2 つの大きさがありますので，低い方の採取費用を採取費用 L，高い方を採取費用 H と呼びましょう。採取費用 L は，持続可能採取量 Y が大きくなると増加しますが，採取費用 H は，持続可能採取量 Y が小さくなると増加します。このように，持続可能採取量 Y と採取費用との関係を表したものが，**図 8.6** です。たとえば，**図 8.5** の Y_1 を実現する採取努力 E_1，E_3 に対応する採取費用が C_1^L，C_1^H となります。原点から出発して，この曲線に沿って上にいくほど，採取費用と採取努力は増大しています。それに伴って，持続可能な均衡点での資源水準 S は低くなります。

次に，採取したものを販売したときの収入をこの図に書き入れてみましょう。これが**図 8.7** です。収入 R は，1 単位あたりの価格 P に採取量 Y をかけたものになります。採取量に比例して収入は増えていきますので，原点から出発する直線でその大きさを表すことができます。また，価格が大きくなるほど，この直線の傾きも大きくなります。価格を所与とすると，最大の収入をもたらす採取量は，常に Y_M ですが，この点をめざすべきなのでしょうか。これを見るために，利潤を考えてみます。

利潤は，収入から費用を引いたものです。**図 8.7** では，収入と費用の距離で表されます。図では，採取努力 L（すなわち採取費用 L）では利潤はプラスです

CHART 図 8.6 持続可能採取量と採取費用

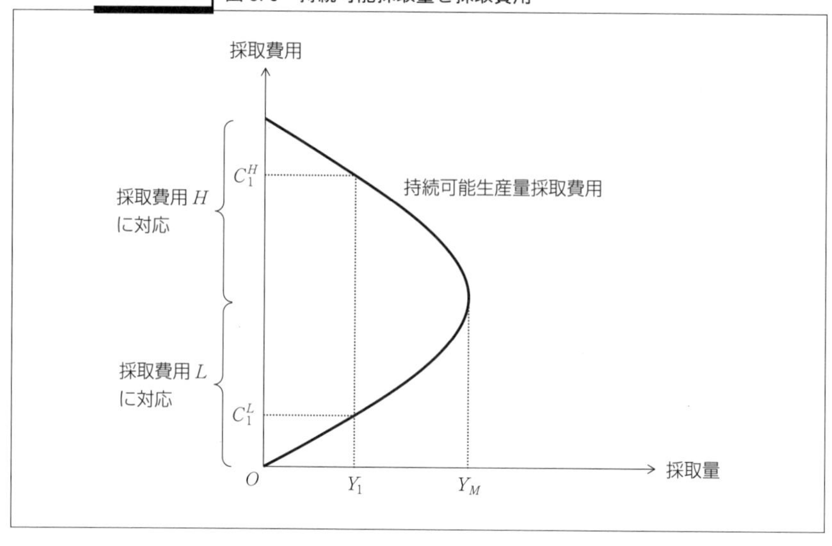

CHART 図 8.7 収入と利潤

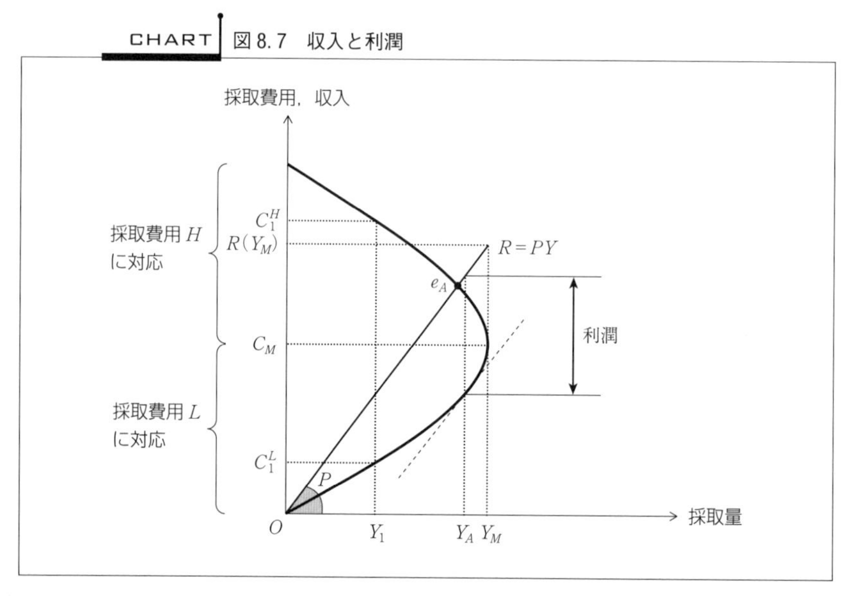

が，収入と費用が交わるような点では，利潤はゼロになります。また，採取努力 H（採取費用 H）では，利潤がマイナスになる採取量も存在することがわかります。

利潤が最大になる点は，採取量 Y_A です。この採取量を利潤最大採取量といいます。ここでは，費用の曲線上の接線の傾きが収入の傾き P と等しくなり，収入と費用の距離が最大になっています。一方，Y_M では，収入が最大になっているものの，費用が十分大きくなっているため，利潤の大きさは Y_A よりも劣っています。価格が上昇すると，利潤最大採取量も大きくなりますが，Y_M までにはならず，常に採取費用の曲線の右上がりの部分で（したがって，常に採取努力 L で），利潤最大化が成立することがわかります。

利潤最大化をめざす資源管理は，費用効果性の点で優れたものです。しかし，それだけではありません。利潤最大点は，採取努力 L で実現されますので，資源水準は S_M を必ず上回っており，十分な資源保全も実現しているのです。

3　資源の所有権とコモンズ

オープン・アクセス

利潤最大化を実現する資源管理を行おうとするとき，必要な条件があります。利潤が大きな状況では，資源を利用することで十分な利益が得られますので，新たに資源を採取したいという人が現れます。このような人の利用を排除し，利潤最大化を維持するためには，既存の利用者に排他的な利用権を与え，一方で，新たな参入利用者を実際に排除することが可能でなくてはなりません。つまり，資源管理者に資源利用権だけではなく，排除する権利も与えなくてはなりません。こうした状況は，たとえば，日本の沿岸漁業では，特定の漁業者に与える漁業権制度のもとで実現されてきました。漁業権制度では，漁業権を持つ漁師だけが定められた漁場で特定の魚種を採捕できるからです。

こうした条件が満たされないとどうなるでしょうか。ここで，誰しも資源が利用でき，誰もが排除されない状況を考えてみましょう。この状況を**オープン・アクセス**といいます。こうした状況では，利潤が正であるかぎり（したがって，採取努力あたりの利潤が正であるかぎり），新たに資源採取への参入者が現れ，全体の採取努力が増えていきます。そして，最終的に利潤がすでに消えてしまってゼロになる点で増加は停止します。この停止する点をオープン・アクセス均衡点といいます。

オープン・アクセス均衡点は，収入と費用が等しい点で表されますので，図8.7では収入線と費用線の交点e_Aになります。この点では，利潤最大点Y_Aよりも，採取努力と費用が大きくなります。また，その資源水準は，利潤最大点の水準よりも低いものとなります。

オープン・アクセス均衡点が問題になるのは，この資源水準です。価格が非常に高いとき（収入線の傾きが大きいとき）には，採取努力Hと採取費用Hのもとで均衡点が実現されます。その結果，その資源水準はかなり低いものになってしまい，持続可能採取量も少ない水準に落ちてしまいます。また，個体数が少ないため，絶滅の危機にもさらされてしまいます。

コモンズの悲劇

個人あるいはグループが所有し排他的に利用するのではなく，地域社会の多くのメンバーで共有し管理する資源を**コモンズ**といいます。歴史的に，牧草地や山林など，世界中で地域社会が管理してきた資源は非常に多いのです。日本でも，江戸時代に，入会地（いりあいち）と呼ばれるコモンズが利用されながら保持されてきました。2009年にノーベル経済学賞を受賞したエリノア・オストロム（1933-2012）は，コモンズをより厳密に**コモンプール財**として定義し，こうしたコモンズの管理とその持続可能性について，成功する条件を見出しました。

一方，コモンズ管理は失敗するケースも多く存在し，自然資源の劣化につながりました。こうしたコモンズの失敗によって自然資源が崩壊してしまうことをギャレット・ハーディン（1915-2003）は**コモンズの悲劇**と名づけ，その呼び名は広く知られるようになりました。コモンズの悲劇は，地域社会の各メンバーが，各自がより多く採取してコモンズを利用することにより自身に利益が発生する場合，資源を実際にさらに利用してしまうことは避けられず，過剰利用を行うことになるとするものです。その結果，資源が劣化してしまうのです。

オープン・アクセスの悲劇

コモンズの悲劇は，地域社会の誰しも自己の裁量で自身の資源利用（**Column**

❽-1 の例ではワナ数）を増やすことができることを前提に結論が導かれています。しかし，この前提は，歴史的事実を無視したものです。多くのコモンズには，資源利用についての厳格なルール（採取量や採取時間などについて）と，ルールを破ったときの制裁が備わっていました。

このことを明らかにしたのが，オストロムです。彼女は，コモンズをコモンプール財として扱いました。コモンプール財とは，誰かが利用すれば他の人の利用可能性が減少してしまう程度には資源量に限度があり，さらに，その資源を利用しようとする人を排除するのには十分高い費用が発生するものを指します。このような性質を満たす自然資源は，効果的な利用ルールがない場合は減少してしまう可能性が高いのです。そして，オストロムは，利用ルールと制裁が組み合わされて，長期間，適切な自然資源の利用が行われることで，自然資源は維持されていると結論づけたのです。したがって，コモンズの悲劇という表現は，コモンズ管理について誤解を招きかねないものだということが理解できます。

コモンズの悲劇で前提とされていた状況は，実は，オープン・アクセスで描写した状況と本質的に同じであることに気づくでしょう。利益が生まれるかぎり，新たな採取努力が参入してくるからです。その意味で，コモンズの悲劇と呼ばれていた状況は，今日では，**オープン・アクセスの悲劇**と呼ばれることも多いのです。

オープン・アクセスの悲劇を回避するためには，資源の排他的な所有権を作り，誰かに付与することが有効です。前述の漁業権は，こうした政策の範疇（はんちゅう）にあるもので，所有権を持つ人は，利潤を最大化する資源管理を行うようになるでしょう。しかし，特定のグループに資源の所有権を新たに与えることは，公平性の観点から問題になる場合も多いのです。他の人が漁業に参入したくとも，不可能になるからです。

4 過剰採取を制御する手法

一般に，資源の採取が過剰であり，資源が消滅してしまうような危機をもた

CHART 図 8.8 課税の効果

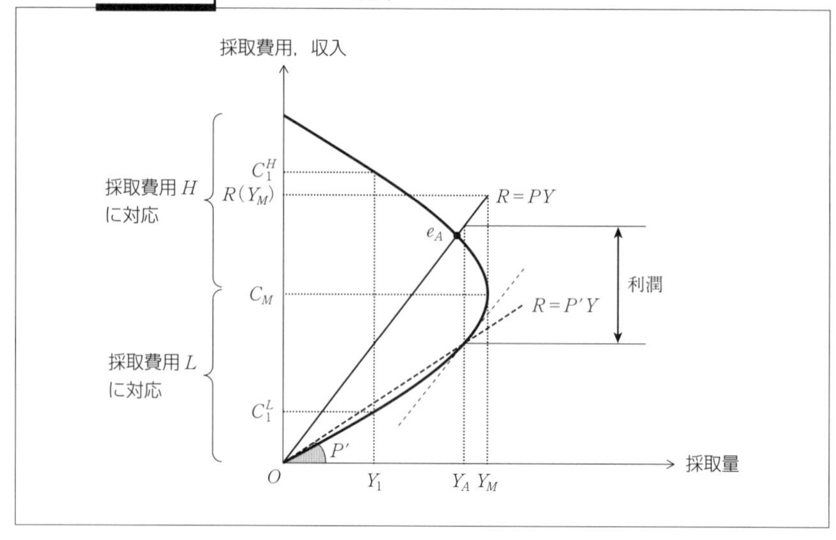

らすとき，代表的な管理手法には以下のものがあります。

課　税

最初に，生産物に対する課税制度を考えましょう。図 8.8 でこれを表してみましょう。生産物 1 単位あたり課税することにすれば，採取した資源を販売して得られるお金は P から税金を引いた P' に減少します。すなわち，収入線が右に回転することになります。たとえ漁場がオープン・アクセスであっても，この新しい収入線でのオープン・アクセス均衡点が，ちょうど，元の利潤最大点となるように税の水準を定めてやれば，利潤最大化のもとでの資源管理と同じ状況になります。もっとも，各漁業者の利潤は課税があるためにゼロとなります。しかし，資源が複数の国にまたがるときは，協調して課税システムを導入するのは容易ではありません。

数量規制

課税は，導入しようとしても政治プロセスに時間がかかることが多いものです。新しい制度を導入することなく，過剰採取を抑える方法が数量規制です。これは，一定期間内で採取可能な総量を定め，採取をそれ以内に抑えることを採取者に要求することです。

これまで，漁業では，数量規制がたびたびとられてきました。数量規制は，基本的には漁業者が合意すれば実行できるものなので，迅速に導入することができます。誰が，いつどれだけとるかは，漁業者の間でルールが決定されることもあります。一方，ルールが存在しない場合も多く，漁業者間で，漁獲量制限に達しないうちに多く獲ろうと過剰な競争が起きる場合もよくあります。

こうした競争は，漁船の混雑により著しく漁獲効率性を減じてしまったり，水揚げが一時期に集中して魚の価格が下落するなど，社会的に見て無駄を発生させてしまいます。そのため，数量規制が経済学から見てうまくいくためには，漁業者間で漁獲ルールを調整できることが必要ですが，漁業者数が十分に多い場合や，複数の国が関わる場合は不可能なこともあります。

許可証制度

数量規制の欠点を補う手段が許可証制度です。たとえば，採取可能上限をあらかじめ決めておき，その上限の範囲内で，採取許可証を発行することです。許可証を持つ人だけが採取と販売を可能とすることで，適切な採取努力量と採取量に制御することが可能となります。

許可証制度のもとでは，早い者勝ちで魚を獲ろうとする過剰な競争は起きないでしょう。さらに，これらの許可証を取引可能とすることで，より効率的な採取手法を持つ人に多くの採取を任せる結果になるでしょう。これは，効率的資源利用を促進することにつながります。

このような許可証制度を，とくに漁業の場合は，**ITQ 制度**（Individual Transferable Quota：**個別取引可能数量割当**）と呼びます。ITQ 制度は，ニュージーランドで 1986 年に初めて導入されました。初期の許可証の割当は，過去の漁獲実績に応じたグランドファザリングによっていましたが，その後の制度改革により，新規参入者も割当を受け取ることができるようになりました。この制度は，漁業の生産性の向上と漁業者の利益向上に大きな効果があったとされています（Grafton, 1996）。

再生可能資源における経済学の分析対象は，もちろん上記だけにとどまるものではありません。漁業に関してだけでも，魚の成長する段階や他水域からの加入を明示的に入れ，繁殖前の未成熟な魚を考慮した最適な漁業管理を求める理論も発展しています。

再生可能資源管理の経済学で，魚と並んで発展しているものに，森林（人工林）をめぐる経済学があります。木材の供給源として，人間の歴史上，森林はきわめて重要な位置を占めてきました。森林は，木材利用のために樹木を伐採すると，新たに植樹して長い年月をかけて成育させます。この周期を長いものにするほど，太い樹木ができますが，販売できる頻度は減ります。このトレードオフがあるとき，最適な周期をファウストマン周期といい，森林管理の重要な原則の1つになっています。

このように，再生可能資源については，その資源に基づく特徴ある管理方法が研究されています。しかし，その視点は共通しています。持続的な方法で，人間社会の利用の効果をできる限り大きなものとする，ということなのです。

●参考文献

・Grafton, R. Q. (1996) "Individual Transferable Quotas: Theory and Practice," *Reviews in Fish Biology and Fisheries*, 6 (1), pp. 5-20.

SUMMARY ●まとめ

□ 1 再生可能資源はその量が増える資源です。ロジスティック成長曲線は，再生可能資源の典型的な増え方を表すもので，生物資源の誕生数から死数を引いた自然増加数を描いています。個体数が環境容量に達すると，増加数はゼロになります。

□ 2 自然増加数と人間の採取量が等しくなると，個体数は安定的になります。そのときの採取量を持続可能生産量といいます。採取量は，採取努力と個体数により決まります。採取費用は，採取努力により定まります。利潤最大化を実現したとき持続可能生産量は必ず最大持続可能生産量を下回り，一方，個体数は自然増加数が最大となる S_M を上回ります。

□ 3 オープン・アクセスは誰しも資源にアクセスし採取できる状況を表します。このとき，再生可能資源から得られる利潤はゼロになり，価格が十分大きいと，個体数は S_M を大きく下回り，絶滅の危機に陥ることもあります。コモンズの悲劇と呼ばれる問題は，実はオープン・アクセスの問題として考えられることも多いのです。

□ 4 オープン・アクセスの悲劇を解決する経済的手段として，課税，数量規制，取引可能な採取許可証制度などが考えられます。

EXERCISE ● 練習問題

8-1 以下の文章の空欄に四角の中から言葉を選んで文章を完成させなさい。

再生可能資源の自然増加量よりも人間の採取量が（ 1 ）とき，資源は増加する。逆に（ 2 ）とき，資源は減少する。資源が増加しても存在量には上限がある。この上限のことを（ 3 ）という。自然増加量と等しくなるような採取量を（ 4 ）という。

①多い ②少ない ③環境容量 ④最大持続可能生産量
⑤持続可能生産量 ⑥利潤最大採取量

8-2 以下の文章の空欄に四角の中から言葉を選んで文章を完成させなさい。そのうえで，文章が表す内容を図を用いて説明しなさい。

再生可能資源の採取量を決定するものは，（ 1 ）と（ 2 ）である。

①採取努力 ②自然増加数 ③増殖数 ④減少数 ⑤個体数

8-3 オープン・アクセスとは何か，説明しなさい。

8-4 価格が変化したとき，オープン・アクセス均衡と利潤最大化均衡がどのように変化するのかを 156 頁の図 8.7 を用いて説明しなさい。

補論　コモンズの悲劇

ゲーム理論による分析

コモンズの悲劇は，ゲーム理論によっても表現することができます。コモンズに関わるメンバーに，次の2つの選択肢があるものとします。1つは，コモンズを持続的に利用できる採取ルールに沿った行動 X をとることです。もう1つは，ルールを無視し，過剰に採取してしまう行動 Y をとることです。

いま，ある森林に生息するイノシシを資源として考えてみましょう。X と Y は狩猟に使用するワナの数としましょう。Y の方が X より多くのワナを表します。ここで，全員が Y をとると，イノシシは生息数を減らし，将来にはこの森林では

CHART 表 8A.1 コモンズの悲劇

	2が行動 X をとる	2が行動 Y をとる
1が行動 X をとる	$(a,\ a)$	$(a-b,\ a+b)$
1が行動 Y をとる	$(a+b,\ a-b)$	$(a-c,\ a-c)$

絶滅してしまうものとします。

全員が行動 X をとるとき，十分な数のイノシシが生息するので捕獲が容易になり，ワナが少なくても，十分な数 a だけのイノシシがとれます。ところが，この状態のもとでワナを多くする行動 Y をとると，行動 Y をとった人は，もっと多くの数 $a+b$ のイノシシを捕獲できることで，さらに大きな利得を得られることになります。そして，行動 X をとる人の捕獲するイノシシは $a-b$ に減少します。一方，全員が行動 Y をとっているときは，生息数が減るため捕獲が難しく，ワナ数が多くても，捕獲数は全員が X をとるケースより少なく $a-c$ になります。ここで，$b>c$ としましょう。

この状況を表にしたのが**表 8A.1** です。いま，メンバー数が2人（1と2）の場合で考えてみましょう。1と2の行動によりそれぞれの利得が決まります。1の利得を左側に，2の利得を右側に表しています。それぞれが X をとるときの利得 a は，それぞれが Y をとるときの利得 $a-c$ よりも大きくなっています。また，$a-c>a-b$ が成立していますので，両者が Y をとったときの利得 $a-c$ は，それぞれにとって X をとることの利得 $a-b$ よりも大きいため，行動を X に変えることは損になってしまいます。すなわち，両者が X をとると，それぞれが Y をとろうとするインセンティブを持ち，さらに両者が Y をとってしまうと，それぞれにとって X をとるインセンティブはありません。

このように，よりよい状態である両者が X をとる選択肢があるにもかかわらず，両者が Y をとってしまう状況は第3章の補論で学んだ囚人のジレンマです。コモンズの悲劇とは，このように全員が過剰な資源利用行動を選択してしまう状態が続き，資源の枯渇につながってしまうものと説明することができます。

CHAPTER

第 9 章

生物多様性

豊かな生物多様性が育まれる沖縄県石垣島のサンゴ礁（写真：時事通信フォト）

INTRODUCTION

近年，生物多様性の危機についての強い懸念が世界に広がっています。生物多様性とはいったい何を指すのでしょうか。本章では，生物多様性の定義と現状，そして，生物多様性が減少する背景と人間活動について説明します。また，生物多様性がなぜ重要なのかを表す，人間への自然の恩恵として知られる生態系サービスについて紹介します。さらに，生物多様性を保全する代表的な仕組みを説明します。

1 生物多様性とその危機

生物多様性の定義

生物多様性は，自然の豊かさを表す概念で，1980年代以降，生物学から広がってきた言葉です。厳密には，種の多様性・遺伝的多様性・生態系の多様性という，3つの多様性を総合する言葉です（ある限られた空間での同一の種の個体の集合を個体群，さらに個体群の集合を群集といいます。生態系とは，生物群集が，大気，土壌，水などの非生物的な環境と相互作用しながら作り上げるものをいいます。森林やサンゴ礁は代表的な生態系です）。多様性とは差異を表す言葉です。

種の多様性は，どれだけの差異のある種が存在しているかを表します。遺伝的多様性は，同一種の中で，遺伝子の違いによりどれだけ差異のある個体があるかを表します。さらに，生態系の多様性は，さまざまな特徴を持つ生態系が存在することをいいます。

種の多様性は，生物多様性の豊かさを示す最もわかりやすい指標です。現在，既知の生物種は，動物と植物をあわせて150万～180万といわれていますが，未知の種ははるかに多く，数千万種にのぼると推測されています。確認されている種の中には，絶滅危惧種も多く，実際，年間数万に及ぶ数の種が絶滅しているという研究者もいます。種数と同様に減少しているのが，生態系の面積です。最も代表的な生態系である森林は，途上国を中心に，その面積を減少させています。一方，海の状況も深刻です。代表的な生態系であるサンゴ礁では白化現象が頻発し，サンゴが死滅しています。

このように，生物多様性は，現在深刻な危機にあり，大きく減少しています。このような危機を，「地球で第6回目の大絶滅時代」と表現する人もいます。過去の大絶滅に匹敵する絶滅速度と考えられるからです。しかし，過去5回の大絶滅と決定的に異なるのは，現在の大絶滅の原因が人為的なものと考えられるからです。そのことから，この大絶滅時代を「人新世（ひとしんせい）」と呼ぶこともあります。

生物多様性減少の原因

生物多様性減少の原因には，(1)生息地の減少，(2)汚染，(3)乱獲，(4)外来種，(5)地球温暖化，(6)過少利用，の6つが主要なものとして指摘されています。

(1) 生息地の減少

生態系が減少することで，野生生物の生息地が失われます。この結果，生存が難しくなり個体数を減らしてしまいます。直接的な人為的原因には，商業作物を栽培したり，牧畜をするために生態系を農地や牧場に転換することがあげられます。以前はコーヒー栽培など，近年では，生物多様性が豊かな熱帯雨林をオイルパーム林に転換することが増えています。また，生息地の分断（断片化）も，広い生息地を必要とする野生動物には悪影響を与えます。

(2) 汚　染

経済活動で排出される廃物は汚染物質となり，直接生物や生態系に被害を与えます。とくに，工業や農業に由来する水質汚染は，河川・湖沼・沿岸生態系の生物多様性を減少させてきました。工場から排出される化学物質は，魚だけではなく，それを食べる人間の健康にも被害を与える場合があり，有機水銀を水俣湾に排出したことで引き起こされた水俣病では多くの被害者が出ました。また，サンゴは，陸上の農業活動で用いる肥料が海に流れ込み，それによって大量発生したオニヒトデに食べられるという食害が発生しています。

(3) 乱　獲

全体あるいは部位の経済的価値の高い生物は，過剰な採取の対象となってきました。乱獲された種の個体数は減少し，その結果，絶滅の危機にさらされる種は少なくありません。象牙目当てのアフリカゾウや犀角(さいかく)目当てのサイ，さらには植物のマホガニーやランもそうです。そして，中には絶滅してしまう種もあります。19世紀に北米大陸に50億羽を超えるほど豊富に生息したリョコウバトは，その肉が美味だったために乱獲され，20世紀の初頭に絶滅してしまいました。

(4) 外 来 種

外来種は，導入種や移入種と呼ばれることもあります。もともと存在していない動植物を，意図的（利用目的で持ち込む）あるいは非意図的（輸送や移動などの際に紛れ込む）に別の生態系に導入してしまい，もともとの生態系にいる在来種を捕食したり競合したりすることで，在来種の脅威となることも多いのです。日本では，奄美大島にハブの駆除を目的として持ち込まれたジャワマングースが代表的な例の１つです。ジャワマングースは，アマミノクロウサギを捕食して絶滅の危機をもたらしています（前章の Column ❽-1 を参照）。

⑸ 地球温暖化

地球温暖化は大気の平均気温や海面水温を上昇させることでさまざまな影響を与えます。平均気温が上昇すると，高山植物の生息域が縮小したり，外来植物種が北上したりすることで，生物多様性に被害が生じます。また，海面水温の上昇は，サンゴの白化現象を発生させます。地球温暖化の影響で最も象徴的に示唆されるのは，夏季の北極海の海氷面積が減少し，ホッキョクグマがアザラシを狩ることが難しくなってしまい，個体数を減少させてしまっているという例でしょう。ホッキョクグマを南極に移す適応策も考えられているほどです。

⑹ 過少利用

以上が生物多様性危機の主要因とされているものですが，過少利用による生物多様性の危機も重要な要因として近年指摘されています。人間にかつては十分に利用されていたために個体数が抑制されていたが，生活環境が変化して利用されなくなり個体数が過剰になってしまった生物が，他の生物に被害を与えるのです。代表例はシカです。シカは，オオカミのような天敵がすでに絶滅してしまった例も多く，人間の利用圧が低下してしまうと急激に数を増やし，植生に大きな被害を与えるケースが指摘される国も多いのです。

いずれにせよ，上記にあげた要因のほとんどは人為的な経済活動に関係します。この点から，経済的側面で生物多様性の危機を解決していく必要があります。

生物多様性の保全手段には，大きく分けて，生態系を保護し生物の生息地を守る手段と，絶滅のおそれのある生物種を直接守る手段があります。さらに，それぞれに，多くの仕組みが存在しています。本章ではその代表的なものを紹介します。

2 生物多様性が豊かなことの恩恵

生物多様性が減少すると，人間社会にどんな被害があるのでしょうか。今日では，生物多様性が私たちに与えてくれる恩恵は，**生態系サービス**と呼ばれています。生態系サービスは，生物多様性が人間社会に与えてくれる有形・無形の恩恵の総体を指す言葉です。生態系サービスは，(1)供給サービス，(2)調整サービス，(3)文化サービス，(4)基盤サービス，の4つのサービスに分類されています（図9.1を参照）。

(1) 供給サービス

人間は，その歴史を通じて，生物の消費によって生活してきました。食糧，衣服，住居，生活用具や燃料，そして薬まで，生物を利用してきたのです。このように社会に有用なモノを提供してくれる生物多様性の恩恵を供給サービスといいます。供給サービスで提供されるものは，多くが市場で取引（市場化）されています。

CHART 図9.1 生態系サービス

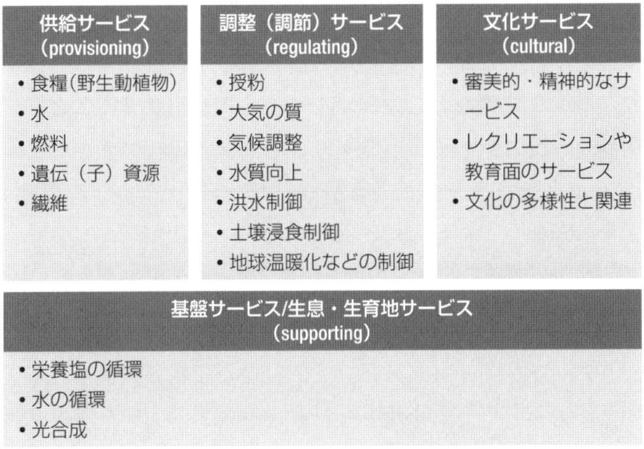

供給サービス (provisioning)	調整（調節）サービス (regulating)	文化サービス (cultural)
• 食糧(野生動植物) • 水 • 燃料 • 遺伝（子）資源 • 繊維	• 授粉 • 大気の質 • 気候調整 • 水質向上 • 洪水制御 • 土壌浸食制御 • 地球温暖化などの制御	• 審美的・精神的なサービス • レクリエーションや教育面のサービス • 文化の多様性と関連

基盤サービス/生息・生育地サービス (supporting)
• 栄養塩の循環 • 水の循環 • 光合成

⑵ 調整サービス

生物多様性は，モノを提供するだけではなく，さまざまなサービス（用役）も提供してくれます。これを調整（調節）サービスといいます。森林は，調整サービスを提供する生態系の代表的なものです。集水域として，水を保水し洪水を防いだり，安定的に水を供給したり，炭素を吸収して固定するサービスは，それぞれが調整サービスに含まれるものです。また，沿岸海域の生態系であるサンゴ礁は，波を緩和し防波堤としての役割を果たしたり，多くの魚の生息地としての役割や漁場としての役割を果たしています。種が提供する調整サービスもあります。ハチの授粉サービスはその代表的なものです。多くの調整サービスは，市場化されていません。

⑶ 文化サービス

自然はそれ自体が魅力的な存在で，人間を引きつけます。生物多様性をレクリエーションとして楽しむことは，観光の代表的な側面です。さらに，生物多様性は，歴史的に人間の文化と深い結びつきを持ってきました。特定の種を宗教のシンボルとして崇（あが）めてきたところもあります。このように，アメニティや文化の面で，人間社会へ与える恩恵を文化サービスといいます。文化サービスには，観光のように市場化されているものもあります。

⑷ 基盤サービス

生物多様性が維持され，人間社会に上記の供給・調整・文化の生態系サービスを与えるために，生物多様性自体に与えるサービスもなくてはなりません。このようなサービスを基盤サービスと呼びます。代表的なサービスが，光合成を行ったり，リン・窒素などの栄養塩を循環・再利用させることで，生物多様性全体に栄養を与えるものです。基盤サービスは市場化されていません。生物全体の生存を維持することから，基盤サービスは，「生息・生育地サービス」とも呼ばれています。

なお，今日，生態系サービスは「自然のもたらすもの」（Nature's Contribution to People：NCP）と呼ばれることもあります。

以上のように，生態系サービスは，人間社会が生物多様性から与えられる便益を明らかにするとともに，生物多様性が失われると人間社会がどのような被害を被ってしまうのかを示してくれる概念です。このように，生態系サービスは，生物多様性を保全することの意義を可視化する役割を果たします。一方，供給サービス以外は例外を除き総じて市場化されていませんので，市場価格を用いて，その恩恵を金銭的な大きさで表すことができません。しかし，環境経済学では，市場化されていないサービスであってもその経済的価値を示す手法が発展していて，さまざまな生物多様性の価値を表す研究が行われています（Column ❾-1，❾-2 を参照）。

それでは，どのようにすれば生物多様性は保全されるのでしょうか。生物多様性はローカル（地域的）な存在であり，多くがそこの人々や文化と密接に結びついています。しかも保全の対象が種であったり生態系であったり多様です。したがって保全手段は，地域と対象に応じて変化しうるといっていいでしょう。しかし，世界的にとられているいくつかの共通の手段があります。

Column ❾-1　トラベルコスト法――レクリエーションの費用に基づく環境評価

一定の費用をかけてレクリエーションに参加するのは，費用以上の便益が得られると考えるためでしょう。したがって，レクリエーションに投じた費用から，その人がレクリエーションに参加することで得る便益を推測することが可能であると考えられます。そのような考え方に基づき，人々がレクリエーションに投じる費用に基づいて，レクリエーションの価値を評価する方法が**トラベルコスト法**です。トラベルコスト法にはいくつかのタイプがありますが，ここでは，シングルサイト・モデルを紹介します。

シングルサイト・モデルでは，旅行費用と訪問回数の関係からレクリエーションに対する需要曲線を推定します。**図1**は縦軸に旅行費用，横軸に訪問回数をとっています。旅行費用が高いほど訪問回数は減るため，旅行費用と訪問回数の関係を表すレクリエーション需要曲線は右下がりとなります。旅行費用と訪問回数のデータから，このようなレクリエーション需要曲線を推定することができれば，訪問者がレクリエーションから得る純便益を表す消費者余剰を計算することができます。たとえば，旅行費用が P_1 のときの訪問回数は X_1 であり，消費者余剰は P_cP_1A で表されます。P_c は訪問回数が 0 になる旅行費用です。

北海道の暑寒別天売焼尻（しょかんべつてうりやぎしり）国定公園にある雨竜沼（うりゅうぬま）湿原の野外レクリエーションの価値をシングルサイト・モデルによって評価した研究を事例として，実

図1　レクリエーション需要曲線

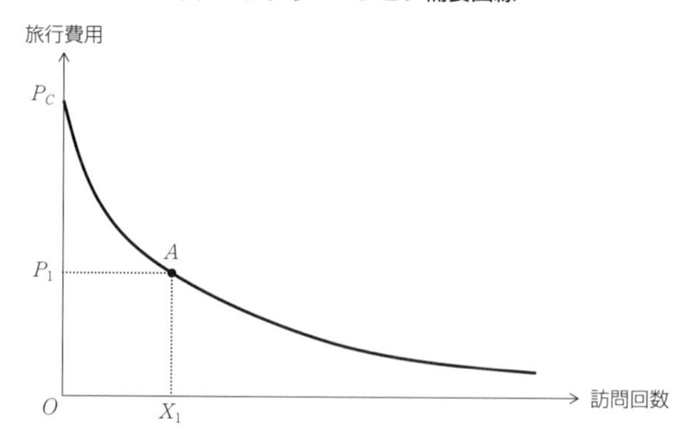

際の分析手順を見ていきましょう（庄子，2000）。

雨竜沼湿原は北海道内最大の山岳型高層湿原です。湿原植物の開花の時期には多くの人が訪問するため，土曜日と日曜日を中心とした駐車場の不足，木道上での混雑，人間の踏みつけによる湿原生態系の破壊が問題となっています。

分析に必要なデータを収集するためのアンケート調査が 2000 年 7 月と 8 月に実施されました。登山口で訪問者にアンケートを配布し，帰宅後に記入し返送してもらうことで，254 人のデータが得られました。道内からの訪問者と道外からの訪問者では旅行費用が大きく異なるため，このうち道内からの訪問者 186 人のデータが分析に使用されました。分析には，エリアごとの旅行費用と訪問率（訪問者数/エリア人口）のデータを用いて分析を行うゾーン・トラベルコスト法と，訪問者ごとの旅行費用と訪問回数のデータを用いて分析を行う個人トラベルコスト法が用いられました。

分析の結果，旅行費用に機会費用を含めないケースで，ゾーン・トラベルコスト法の評価額は訪問 1 回あたり 1214.9 円，個人トラベルコスト法の評価額は訪問 1 回あたり 1552.6 円となりました。また，訪問者の社会経済的な属性を説明変数に加えた個人トラベルコスト法の結果，自然保護に関係する NPO に所属している人，写真撮影が趣味の人，同行者数が少ない人，訪問者数に定員を設けることが望ましいと考える人は，訪問回数が多い傾向があることが明らかとなりました。

（参考文献）　庄子康（2000）「トラベルコスト法と仮想評価法による野外レクリエーション価値の評価とその比較」『ランドスケープ研究』64（5），685-690。

Column ❾-2　仮想評価法（CVM）——アンケート調査に基づく環境評価

仮想評価法（CVM）は，アンケート調査により環境の価値を評価する方法で，環境改善に対する支払意思額，環境改善中止に対する受入補償額，環境悪化に対する受入補償額，環境悪化中止に対する支払意思額のいずれかを尋ねることで環境の価値を評価します。

以下の図1は環境変化に対する支払意思額（WTP）と受入補償額（Willing To Acceptance compensation：WTA）を図示したものです。この図1の縦軸は所得，横軸は環境の質を表します。右下がりの曲線は，同じ効用を与える所得と環境の質のさまざまな組み合わせを表したものであり，無差別曲線と呼ばれます。ある人は，もともと所得が M_0，環境の質が Q_0 の点 A にいるとし

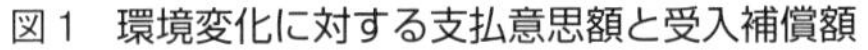
図1　環境変化に対する支払意思額と受入補償額

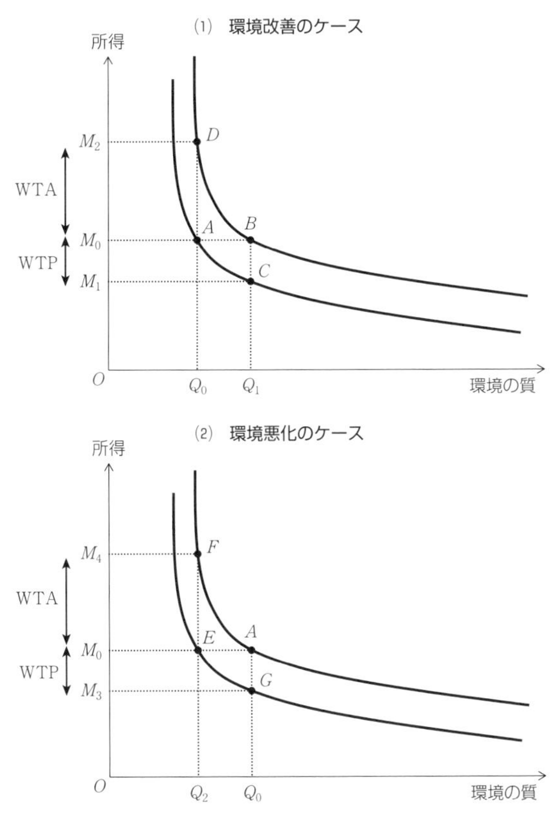

ます。ここで，図の(1)のように環境の質が Q_1 に向上するとしましょう。これにより，この人は，所得が M_0，環境の質が Q_1 の点 B に移動することになります。点 B は点 A よりも右上の無差別曲線上の点です。無差別曲線は，右上にあるほどより効用が高いことを表します。支払意思額は，あるものを手に入れることと引き換えに最大限支払うことができる金額であるため，この人の Q_0 から Q_1 への環境改善に対する支払意思額は M_0-M_1 で表されます。なぜならば，点 B の状態から M_0-M_1 だけ所得が減少したとしても，点 A と同じ効用を与える点 C に移動するだけであり，環境が改善される前の効用水準が維持できるからです。これが環境改善に対する支払意思額です。一方，受入補償額は，あるものをあきらめることと引き換えに最小限受け取る必要がある金額であるため，この人の Q_0 から Q_1 への環境改善の中止に対する受入補償額は M_2-M_0 で表されます。なぜならば，点 A の状態で M_2-M_0 だけ所得が増加すれば，環境の質が Q_0 から Q_1 に向上した場合に到達した点 B と同じ効用が得られる点 D に移動することができるからです。

環境悪化のケースについても同様に考えることができます（図の(2)）。点 A から，環境の質が Q_2 に悪化したために，点 E に移動する状況を考えましょう。このとき，M_4-M_0 だけ所得が増加すれば，点 A と同じ効用が得られる点 F に移動し，環境悪化が発生する前の効用水準を維持することができますので，この環境悪化に対する受入補償額は M_4-M_0 で表されます。一方，この環境悪化の中止に対する支払意思額は M_0-M_3 で表されます。なぜならば，点 A の状態から M_0-M_3 だけ所得が減少したとしても，環境の質が Q_2 に悪化した場合に到達した点 E と同じ効用が得られる点 G に移動するだけであり，環境悪化が発生した場合と同じ効用水準が維持されるからです。

では，どのようにしてこれらの金額を尋ねればよいのでしょうか。ここでは，屋久島の景観と生態系を保全することの価値を CVM により評価した事例を見てみましょう（栗山ほか，1999）。屋久島は非常に豊かな生物多様性を有していることから，世界自然遺産に登録されています。

1997 年に，日本全国で訪問面接形式のアンケート調査が行われました。アンケートでは，屋久島を「コア」「バッファ」「生活ゾーン」の 3 つの地域にゾーニングすることで屋久島の景観と生態系を保全する政策を回答者に説明したうえで，以下の質問が行われました（これは環境悪化の中止に対する支払意思額にあたります）。

> この方法で屋久島の自然を守るためには，あなたの世帯に来年だけ＿＿＿＿円負担してもらう必要があります。ただし，このお金は屋久島を守るためだけに使われます。基金にお金を支払うとあなたがふだん購入している商品などに使える金

額が減ることを十分念頭においてお答え下さい。屋久島を守るために来年だけ ＿＿＿円を支払うとしたとき，あなたは屋久島を守ることに賛成ですか。それとも反対ですか。

1. 賛成　2. 反対　3. わからない

金額の部分には，1000円，3000円，6000円，15000円のいずれかが入ります。また，それぞれの金額について，賛成と回答した場合にはより高い金額（それぞれ3000円，6000円，15000円，40000円）を，反対と回答した場合にはより低い金額（それぞれ500円，1000円，3000円，6000円）を提示して，もう一度質問を行う二段階二肢選択形式と呼ばれる形式で質問が行われました。

生存分析という統計的方法で，提示する金額と賛成の確率の関係を推定し，それに基づき支払意思額を計算したところ，平均値は5655円，中央値は1566円となりました。

（参考文献）栗山浩一・北畠能房・大島康行（1999）「CVMによる『屋久島』の価値評価とその信頼性――パイロットとファイナルサーベイの比較」『林業経済研究』45（1），45-50頁。

生態系を守る手段

保護地域

最も代表的な保全手段は，生態系が存在するエリアを，国立公園などの**保護地域**（保護区）に設定することです。いったん保護地域に指定されると，その区域内での牧畜や農業は原則として禁じられます。こうして，域内の生物多様性が保全されます。

2010年に名古屋市で採択された「愛知目標」で，世界は保護地域の増大に努めることが明記され，現在では，少なくとも陸域の15%，海域の7%が保護地域と定められています。日本では，34の国立公園が制定されていて，日本の総面積の約5.8%を占める約219万haが保護されています（他に国定公園や都道府県立自然公園があります）。2021年6月のG7サミットをはじめ，国際社会は，2030年までに，各国で陸域と海域の少なくとも30％を保護区にするという目標（30 by 30）の合意に向けた努力を行っています。

生態系を守ることは，生物多様性そのものを守るだけではなく，さまざまな生態系サービスの供給を守ることを意味します。生態系を保護しないことと保護することでは，どれほどの差（保護便益）が生まれるのでしょうか。世界全体で年間4兆4000億～5兆2000億ドルという，きわめて巨額になるという研究もあります（Balmfond et al., 2002）。これほどの効果があるのに，保護区を作るのには大きな抵抗があります。その理由を経済学の視点から見てみましょう。

まず，保護便益のうちお金として実際に得られるのはほんの一部です。たとえば，国立公園での観光や入場料収入がそうです。便益の他の部分は人間社会に恩恵を与えることがあってもお金を生む（マネー化される）わけではありません。つまり，マネー化されていない便益が多いのです。

保護区を維持するためには保護費用が発生します。費用の１つは管理費用です。管理費用には，保護区内の違法行為を監視し防ぐための費用も含まれます。ここで，マネー化された便益と管理費用を比べると，管理費用の方が大きい場合がほとんどなのです。このことは，保護区を作ると赤字が発生するため政府の財政負担につながることを意味します。また，生態系サービスによる便益が，費用を負担する国だけではなく，他国にも発生していることも，ある国が保全による便益のすべてを考慮しない理由の１つです。たとえば，広大な熱帯雨林を保全することにより，世界全体で大きな便益が発生しますが，地元で発生する便益はそのごく一部です。

管理費用に加えて，もう１つ大きな問題になるのが**機会費用**です。機会費用は，保護地域を農地など他の用途に利用することで得られる利益のことです。この機会費用はマネー化された便益をはるかに超える場合が多いことが指摘されています。この状況は開発による生物多様性の危機を象徴し，生態系は，強い開発の圧力にさらされることになるのです。なぜなら，開発することで大きな経済的利益が得られるからです。アジアの途上国では，オイルパーム林の拡大で，熱帯雨林が大きく減少しました。

しかし，総便益と総費用（管理費用＋機会費用）を比較すると，総便益の方がはるかに大きい場合が多いのです。一方，マネー化された便益と総費用を比較すると総費用の方が大きい場合が多くなります。このことから，マネー化されていない部分の便益を，何らかの形でマネー化することができれば，保全が進むことが理解できます。これを実現するのが，生態系サービスへの支払と呼ばれるものです。

生態系サービスへの支払（PES）

生態系サービスへの支払（Payment for Ecosystem Services：**PES**）は，生態系サービスに対し受益者が支払を行うものです。PES が実現すれば，生物多様性を守ることに対する報酬を手にできるようになり，生物多様性保全のインセンティブが強まることになります。それだけではなく，支払われたお金を保全活動にも使えるようになります。

PES にはいくつかの形態があります。1つは税・課徴金として，政府が保全費用の支払を義務づけるものです。日本の多くの都道府県で導入されている森林保全のための水源税はこれにあたります。これとは逆に，政府が介入せず，保全する主体に対して受益者が自発的に支払う形態（直接支払）もあります。たとえば，飲料企業が水源を保全するために森林所有者に支払うこともあります。

さらに，市場取引を通じて買い手が売り手に支払う形態もあります。これの代表的なものには，財・サービスに付される生物多様性認証があります。認証は，売り手が行った保全活動をラベルにします。通常，そのラベルの付された財・サービスは，価格が高くなります。価格の上昇分（価格プレミアム）は，保全活動による生物多様性の向上に対する買い手の支払と見ることができます。また，開発行為で生物多様性を減少させてしまう場合に，どこか別のところで減少分の代償として同様の生物多様性を増加させることが義務化されている場合には，開発者は，他の場所で他人が行った保全を証書の形で購入することができます（**生物多様性オフセット**）。これは，市場を通じて他の保全活動に対価を支払ったとみなすことができます（詳しくは第6節を参照）。

PES で期待されるものは，より多様な生態系サービスに対する支払を実現すること，そして，外国にまで及ぶ生態系サービスであっても，何らかの形でその国からの支払を得る仕組みの構築です。後者が実現されれば，とくに途上

CHART 図 9.2 単位面積あたりの森林開発・転換による利益（開発の限界利潤）

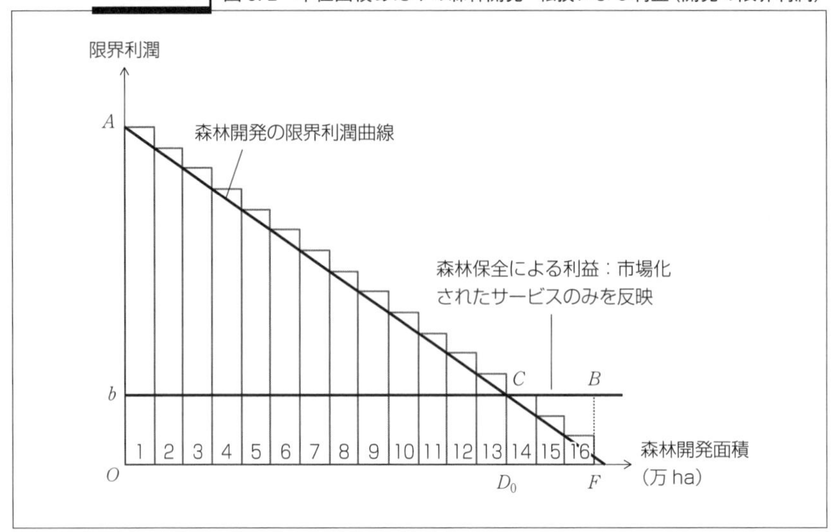

国は，先進国からの支払を期待できることになり，十分な保全を行うことができるようになるでしょう。

森林が提供する二酸化炭素の固定サービスは，生態系サービスの調整サービスとして，地球温暖化緩和を通じ，すべての国に便益を与えてくれます。逆に，森林を破壊してしまうと，二酸化炭素が排出され地球温暖化を促進することになります。この観点から国際的な PES の仕組みを実現するのが第 4 章で紹介した **REDD＋**（レッドプラス：森林減少と劣化を抑制することによる温暖化ガス削減）です。REDD＋では，森林の保全努力を行うことで減少する森林からの二酸化炭素排出分を，先進国が経済的に評価し，資金を提供する仕組みで，PES の一形態と見ることができます。

このように，PES は，さまざまな形で実現しつつあります。一方で，利害関係者が多くなるほど，また，対象範囲が広がるほど，その実現は政治的に容易ではなくなります。REDD＋のような国際的な PES は，国際的に協調して導入を進める努力が必要になります。そのような努力が実を結ぶほど，PES は効果的なものになるでしょう。

図 9.2 は，PES がない場合の森林開発面積の決定点を説明したものです。右下がりの直線が 1 万 ha ごとの森林開発から生じる利潤（開発の限界利潤）を表

CHART 図 9.3 生態系サービスに支払が行われたときの森林開発面積

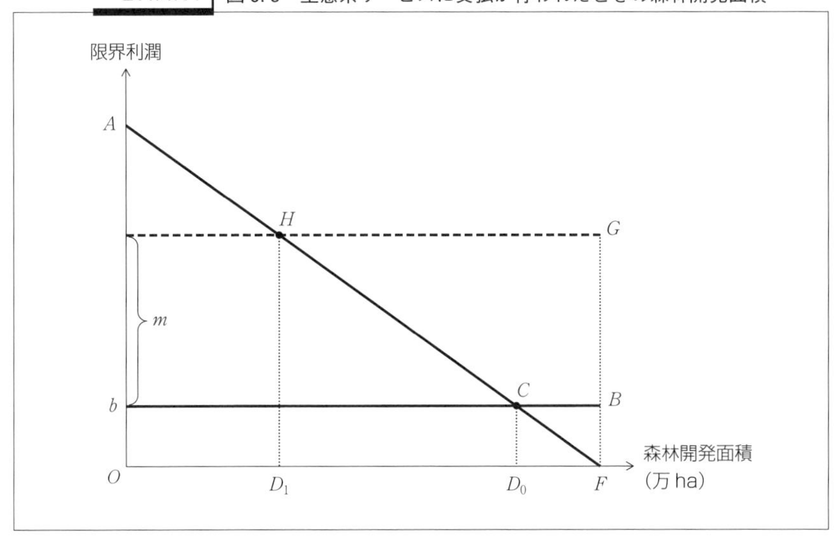

します。横軸を右に行くほど森林開発面積が大きくなり，一方，横軸を左に行くほど森林保護面積が大きくなります。原点ではすべての森林（OF）が保護されています。

森林開発規模が大きくなるほど限界利潤は小さくなります。一方，1 万 ha ごとの森林を保全することの経済的利益（森林保護の限界利潤）は b で一定と仮定します。ここで，森林から得られる利益に反映されるのは木材伐採・販売のように市場があるサービスだけです。このとき，経済全体の利潤が最大化される点は D_0 点です。D_0 では，開発利潤が ACD_0O，森林保護利潤は $FBCD_0$ になっています。すなわち 13 万 ha の面積（OD_0）が開発され，保護されるのは 3 万 ha（D_0F）ということになります。

今度は，PES として REDD＋のように森林の二酸化炭素の固定サービスが 1 万 ha あたり m だけのお金を生むようになったとしましょう（図 9.3）。すると，森林保全による利益を表す線が m だけ上にシフトすることで，森林の最適開発面積は D_1 に減少し，一方，森林保護面積は D_0-D_1 だけ増加することになります。また，森林から得られる利益も $HGFD_1$ と大きくなることから，経済全体の利潤は，PES の導入により $HCBG$ だけ大きくなります。これが PES の効果です。

絶滅のおそれのある生物種を守る手段

ワシントン条約

種の保全で最も典型的な取り組みは，生物多様性減少の要因である乱獲を抑えるために，絶滅のおそれのある種の取引を禁止する仕組みを導入し，取引に対し罰則を科すことです。そうすることで，乱獲を抑え，対象の種を保護することが可能になるというものです。その代表的な仕組みが**ワシントン条約**です。

ワシントン条約は，「絶滅のおそれのある野生動植物の種の国際取引に関する条約」の通称で，1973年にアメリカ・ワシントンで採択され，1975年に発効した条約です。ワシントン条約は，過剰な取引で種の存続が脅かされないことを目的とし，絶滅のおそれのある野生動植物の個体全体および部分と派生物（製品化したもの）の取引規制を定めています。日本は1980年に批准しました。

ワシントン条約では，規制の対象とする野生動植物を，絶滅のおそれのレベルにより3つのクラス（附属書Ⅰ，ⅡおよびⅢ）に分けています。附属書Ⅰに記載された種（附属書Ⅰ種）は，国際的に商業的な取引が原則禁止されます。

附属書Ⅱ種は，取引には輸出国の発行する輸出許可書が必要です。附属書Ⅲ種も輸出入には輸出国の発行する輸出許可書が必要です。**表9.1**に，附属書Ⅰ・Ⅱ種に記載されている，よく知られている動物をまとめています。

なお，規制の対象となるのは商業的な国際取引であり，国内取引はそれぞれの国内法により定められます。日本では1993年に施行された「種の保存法」が国内法にあたります。種の保存法では罰則が定められており，違法取引が発

CHART 表9.1 ワシントン条約での取引規制動物（抜粋）

種別	動物
Ⅰ種	トラ，ニホンカワウソ，ジャイアントパンダ，ヒグマ*，シロナガスクジラ，ゴリラ，オランウータン，チンパンジー，サイ科全種**，インドゾウ，アフリカゾウ*，ウミガメ，ナイルワニ*，ミンククジラ*
Ⅱ種	アオサンゴ，タツノオトシゴ，キリン，カバ，フラミンゴ，ライオン，ニシキヘビ科全種**

（注）＊：一部地域を除く。＊＊：一部種を除く。

覚すれば，販売者と購入者に，懲役では最高5年以下，または罰金は個人では最高500万円，法人では1億円と定められています。

ワシントン条約は，経済学の観点からは稀少野生生物の需要に対する供給を不可能にすることで，生物の絶滅を防ごうとするものです。しかし，ワシントン条約の効力については疑問も生じます。なぜならワシントン条約は，合法的取引を規制しますが，密猟による違法取引に焦点をあてた枠組みではないからです。合法的取引を規制しても，違法市場で取引を行うことが可能であれば，場合によっては違法市場価格が上昇し密猟を刺激することになります。このことを図で見てみましょう。

図9.4(1)では稀少野生動物に対する供給曲線S_aが実線で描かれています。いま，取引が禁止されますが，違法市場が存在し，密猟により供給できるものとします。ただし，違法市場では取引が見つかると押収されます。摘発される可能性を50%と想定してみましょう。このとき，違法市場への供給曲線は点線のS_bに変化します。半分が押収されるからです。このとき，点線上E_1で違法市場の取引が行われても，実際の密猟水準は実線上の点Aの水準Q_pに決まることに注意しましょう。押収量はE_1Aになります。

いま，取引が禁止されていないときの需要曲線D_aが点E_1を通るものに定まっていたとします（**図9.4**(2)）。このとき合法市場価格はP_0，野生動物の狩猟量はQ_0になります。次に，取引が禁止された状況を考えましょう。道徳的理由により需要は減りますが，一掃されるのではなく，一部が残り，違法市場の需要として現れます。これがD_bです。一方，違法市場の供給曲線はS_bです。このとき，違法市場の均衡点はE_2で表されることになり，価格はP_2，取引水準はQ_2に変化します。しかし密猟水準はQ_2ではなくQ_pになります。需要曲線の位置によっては，Q_pはQ_0より大きくなってしまう場合があり，その場合は，取引禁止はむしろこの野生動物の絶滅のおそれを高めるという逆効果をもたらすものといえます。とくに，違法市場での需要が大きいほど，こうした逆効果が起こりやすくなることを確かめることができます。たとえば，違法市場の需要曲線がD_b'のとき，違法市場価格はP'となり密猟水準はQ_p'になります。

アジア経済の成長で，その需要が増えた犀角は，違法市場の価格が高騰し，アフリカでのサイの密猟を深刻化させたことは，このように説明することがで

CHART 図 9.4 違法財の押収と密猟水準

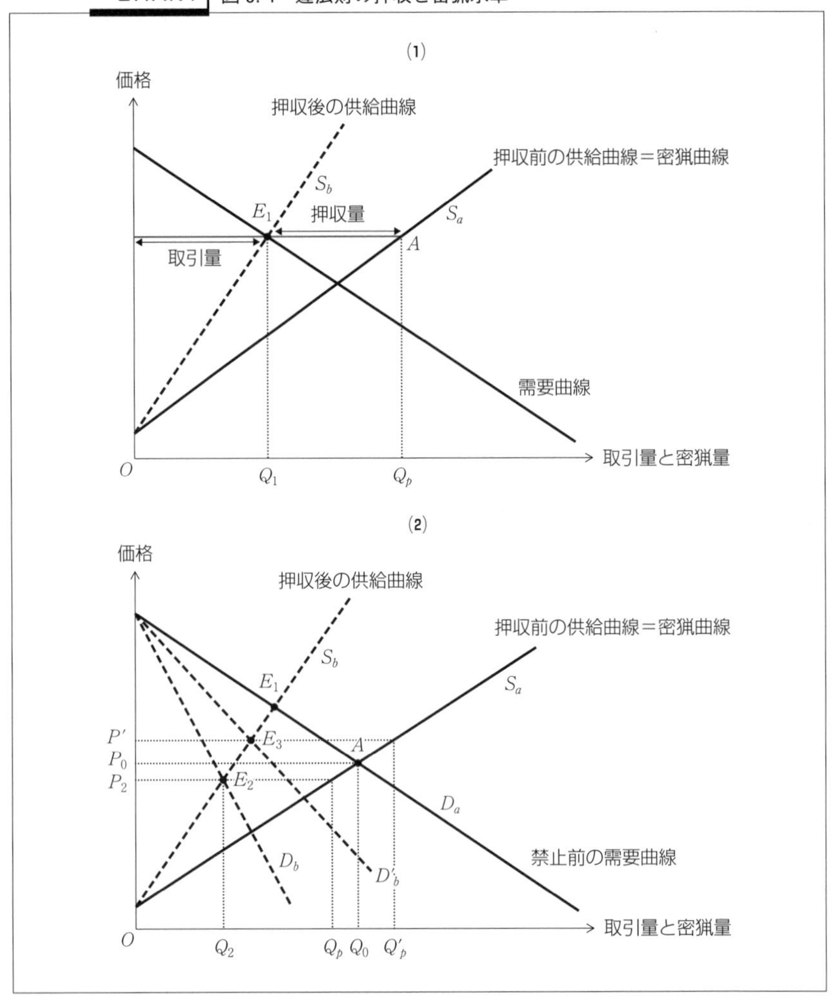

きるでしょう。

このように，取引を禁止する仕組みはわかりやすいものではありますが，違法市場の存在により，必ずしも効果が高いものではありません。そのため，むしろ，持続可能な利用を促進することで生物多様性を保全しようとする方向性も有力になっています。その代表的な国際的枠組みが生物多様性条約です。

5 生物多様性の利用を通じた保全

生物多様性条約

1992年に採択され，翌年発効した**生物多様性条約**は，その目的を，①生物多様性の保全，②生物多様性の構成要素の持続可能な利用，③遺伝資源の利用から生ずる利益の公正かつ衡平な配分，とする枠組みです。ワシントン条約と異なり，絶滅危惧種だけではなく生物多様性全体を保全することをめざすものであり，その手段として，持続可能な利用を打ち出しているという特徴があります。その背後にあるのは保全のインセンティブです。

生物多様性の利用により金銭的利益が得られれば，より長く利用できるような保全管理を行い，それが結果として生物多様性保全につながります。

生物多様性条約で，とくに注目するのが「遺伝資源」です。遺伝資源は，医薬品開発や化学などに応用することができる，生物の遺伝子を含む物質のことです。医薬品開発の1つの方法は，歴史的に生物を薬として利用してきた先住民族の知識の中の，どのような生物を利用することでどういう効能があるかという情報を活用し，その生物のどんな物質が創薬に結びつくのかを探り，開発を行うことです。

このような研究開発に結びつく生物は，途上国の熱帯雨林など生物多様性が豊かな生態系に多いと推測されます。途上国は，独自で創薬などの研究開発を行うことが難しいので，先進国の製薬会社などの企業と共同で研究開発を進めることになります。途上国（提供国）は，遺伝資源の活用により薬が商業化された場合，先進国（利用国）企業から利益の配分を受け取りますが，その額が十分大きくなれば，途上国には熱帯雨林などを保全しようというインセンティブが高まることになります。これは，第3節で紹介したREDD＋と同じ理屈です。

こうして，遺伝資源活用を推進することで，生物多様性保全も促進されるのではないかという期待が生まれたのです。しかし，現実には，先進国と途上国間で，遺伝資源利用をめぐる手続きや，遺伝資源と伝統的知識の入手と利益配分についての合意が得られず，十分な活用が進んでいませんでした。2010年に採択され，2014 年に発効した**名古屋議定書**は，遺伝資源の利用を円滑化する手続きを定めており，今後，生物多様性条約の所期の目的に沿った効果が発揮されることが望まれます。

なお，生物多様性条約および名古屋議定書では，利益配分における利益に，金銭的利益に加えて非金銭的利益を新たに提示しています。たとえば，途上国と先進国企業が上記のような創薬プロジェクトを行うときには，現地で技術を移転してもらったり，途上国の専門家をトレーニングしてもらったりすることの利益が存在します。また，こうしたプロジェクトを通じて，途上国は自国の生物多様性についての知見を得ることができるでしょう。これらが非金銭的利益です。

持続的利用をもとにした保全の考え方は，地域住民を排除するのではなく，利用を認め，生物多様性保全と地域の発展を同時に実現させる方法として，保護区においても考慮されるようになってきています。たとえば，統合的保全開発プロジェクト（Integrated Conservation-Development Project：ICDP）は，生物多様性保全と地域発展の両立をめざすプロジェクトです。これは，地域住民を雇用して，生物多様性をツーリズムや狩猟に利用して収入から報酬を支払うもので，住民の生活水準を向上する手段として途上国で行われてきました。もちろん，すべての生物多様性を利用することは適切ではありません。きわめて絶滅のおそれの高い生物は，費用をかけても保護し個体数を増やすことが大切です。

 効率的な生物多様性保全を作る仕組み

効率的な保全の仕組みづくりも考えられています。効率的な保全とは，機会費用の低い生態系で保護が行われることです。第 3 節で紹介した生物多様性オフセットは，開発を行う代償を求めるものです。アメリカで最初に実施された生物多様性オフセットを例に説明しましょう。

1999 年，アメリカ・ジョージア州のインターナショナル・ペーパー（IP）社とアメリカ魚類野生生物局の間で，ホオジロシマアカゲラに関して協定が結ば

Column ❾-3　ダスグプタ・レビュー

2021年2月に，イギリスの経済学者パーサ・ダスグプタ（1942-）が執筆した，いわゆるダスグプタ・レビューと呼ばれている「生物多様性の経済学」が，イギリス政府により公表されました。

この報告書は，財務省，中央銀行，そしてこれらの機関に関わる主流派のエコノミストを対象としており，今後の世界の経済政策に大きな影響を与えると予想されます。

このレビューでは，生物多様性減少をとめ回復させるため行われている数多くの議論に，次のシンプルな式が通底しています。

$$\frac{Ny}{\alpha} > G(S)$$

$G(S)$ は生物多様性の水準 S の増加量（増殖量）を表しています。一方，N は人口規模，y は1人あたりGDP，α は生物多様性利用の効率性を表すパラメータで，Ny/α はエコロジカル・フットプリント（第1章の **Column ❶-1** を参照）を表しています。Ny/α が大きいほど，生物多様性へのインパクトは大きいことになります。左辺が右辺より大きいことを，ダスグプタは「生物多様性への影響の不均等」と呼んで，この不等号を解消するような多くの施策を紹介しています。

たとえば，消費をよりインパクトの小さいものにしたり，生物多様性保全への投資に多くの資金が調達できるような施策です。さらに，途上国での人口を抑制する手段も重要です。また，貿易を通じた国際的なインパクトを低める方策も提示されています。こうした施策は，α を高めたり，$G(S)$ を大きくしたりすることで生物多様性への影響の不均等を解消し，経済を生物多様性と両立するシステムに変革する役割を果たします。

（参考文献）　HM Treasury（2021）*The Economics of Biodiversity: The Dasgupta Review.*

れました。ホオジロシマアカゲラは，絶滅の危機にさらされている鳥で，IP社が所有する森林で巣を作ります。IP社の保全義務として，繁殖可能なホオジロシマアカゲラのつがいの目標数が設定されました。しかし，目標数を満たしてさえいれば，自由に土地利用を行うことができます。また，目標数を上回る余剰分を証書化し，ホオジロシマアカゲラが棲息する他の森を開発したい人に売ることもできます。この結果，開発の利益の高い（機会費用の高い）森で開発が行われ，機会費用の低い森で保護活動を行うことになるでしょう。また，ホオジロシマアカゲラを増やそうというインセンティブが生じます。IP社の例でも，経済的に見て機会費用の低い森に保護が集中することになり，ホオジロシマアカゲラのつがいの数は大幅に増加しました。

もう1つの例は，アメリカの**保全休耕プログラム**です。アメリカでは，野生生物の生息地は私有地である農地にあることが多く，利用と保護の対立が起きます。そこで，保全休耕プログラムでは，政府は，一定の面積を保護するために農業を行わない（休耕する）場合，いくらの補償をもらえば休耕を受け入れるか，土地所有者に入札をしてもらいます。低い入札者から並べ，ちょうど目標とする休耕面積が入札者たちの休耕面積と等しくなったところで補償額を決め，契約を行うシステムです。入札者は，休耕の機会費用よりも高い金額で入札しますが，あまり高い金額で入札すると契約を結ぶことができませんので，結果として機会費用の水準に応じた額で入札金額は並ぶことになり，契約する土地は機会費用の低いものになるでしょう。

稀少種の保護が機会費用の低い場所で行われることは，社会にとって保護することの負担を軽減することになるのです。

●参考文献

・Balmfond, A. et al. (2002) "Economic Reasons for Conserving Wild Nature," *Science*, 297 (5583), pp. 950-953.

SUMMARY ●まとめ

□ 1 生物多様性は，遺伝的多様性・種の多様性・生態系の多様性を意味する概念です。生物多様性減少の要因には，生息地の減少，乱獲，汚染，外来種，地球温暖化があります。近年はこれに加えて過少利用も含められます。

□ 2 生物多様性の恩恵を表す概念として，生態系サービスがあり，供給サービス・調整サービス・文化サービス・基盤（生息・生育地）サービスに分類されます。

□ 3 生態系サービスへの支払（PES）は，これまで市場化されていなかったサービスにも対価を支払うもので，生物多様性保全のインセンティブにつながるものです。

□4 生物多様性を守る国際的枠組みとして，ワシントン条約は絶滅危惧種の国際的商業取引を規制することで，それらを保護することを目的にしています。また，生物多様性条約は，遺伝資源利用から生じる利益を分配することで，途上国にも保全のインセンティブを与えます。

EXERCISE ● 練習問題

9-1 以下の文章の空欄に四角の中から言葉を選んで文章を完成させなさい。

生態系を守る手段には，生態系が存在するエリアを国立公園などの（　1　）に設定する方法や，生態系サービスに対し受益者が支払を行う（　2　）などがある。（　2　）の形態としては，開発行為で生物多様性を減少させてしまう場合に，どこか別のところで同様の生物多様性を増加させることで開発を認める（　3　）や，森林の保全努力を行うことで減少する森林からの二酸化炭素排出分を，先進国が経済的に評価する（　4　）などがある。

①生物多様性オフセット　②保護地域（保護区）　③PES　④PPP
⑤REDD＋

9-2 生物多様性を減少させる6大要因をあげなさい。

9-3 生態系サービスにはどのようなものがあるのか，またそれはどのようなものか説明しなさい。

9-4 生物多様性を保全するときの費用について説明しなさい。

CHAPTER

第10章 企業と環境配慮

左はエコマーク（写真：時事）。中央は海洋管理協議会（MSC）（写真：共同），右は森林管理協議会（FSC）（写真：共同）のエコラベル

INTRODUCTION

本章では，企業の環境配慮経営について学びます。企業の経済活動はさまざまな環境問題の要因となってきましたが，近年は環境対策に取り組む企業が増えつつあります。本章ではその動きを眺めたうえで，企業の環境配慮経営において用いられる代表的なツールを紹介します。次に，環境配慮経営を行う企業を支援するための方法として注目を集めている ESG 投資について説明します。さらに，環境配慮型製品の需要と供給について学びます。そして，長いサプライチェーンにおいては原材料生産者に価格プレミアムが発生しにくいといった問題や，消費者が環境配慮型製品を選択することを容易にするための仕組みである認証制度についても学びます。

1 企業の環境配慮経営

企業は，私たちの消費生活を支えてくれる存在ですが，一方で，その経済活動は環境問題の原因となってきました。とりわけ，1960年代に日本各地で顕在化した深刻な公害問題は，当時の企業活動により引き起こされたものです（Column ⑩-1 を参照）。今日でも，地球温暖化問題をはじめ，さまざまな環境問題を引き起こす要因になっています。

しかし，近年，環境対策に取り組む企業が増えつつあります。環境関連の法律に違反することでペナルティを受けることや，環境破壊を発生させることで補償金や賠償金を支払わなければならなくなることを回避したいといった消極的な理由にとどまらず，環境に関心の高い消費者や投資家からの評価を得て，製品購入や投資を通して利益を得ることなども目的として，より積極的に環境対策に取り組む企業が増えているのです。

企業が環境に配慮した経営（環境配慮経営）を行うために使用する代表的なツールには，以下のようなものがあります。

⑴ 環境マネジメント・システム

工業製品などの世界共通の国際規格を定めているISO（国際標準化機構）が，1996年に環境マネジメント・システムに関する国際規格である**ISO 14001**を発行しました。ISO 14001では，Plan（計画），Do（実行），Check（点検・評価），Action（改善）のいわゆるPDCAサイクルによって環境対策を実施します。企業は**環境マネジメント・システム**が構築され，運用されていることの証としてISO 14001の認証を取得します。

⑵ 環境会計

環境会計とは，環境対策の費用と対策により得られた効果を把握し，伝達する仕組みです。いくら費用をかけて，どの程度環境パフォーマンスが改善されたかが示されますので，それらを対比することで，ステークホルダーたちは，企業の環境対策を評価することができます。また，そのような情報は，費用対効果の高い環境対策を実施したいと考える企業自身にとっても有益です。

Column ⑩-1 公害の歴史

1950 年代半ばから 1970 年代初頭の高度経済成長期には，日本の経済成長率は年平均 10% を超えていました。しかし，その陰で公害問題が深刻化していきました。とくに甚大な被害をもたらした公害は，水俣病，新潟水俣病，イタイイタイ病，四日市ぜんそくであり，あわせて**四大公害**と呼ばれています。

水俣病は，アセトアルデヒドの製造工程で排出されたメチル水銀化合物が生物濃縮を通じて魚介類に蓄積し，それを食べた人の中枢神経が冒され，感覚障害，運動失調，視野狭窄，聴力障害などにつながったものです。熊本県水俣湾周辺と新潟県阿賀野川流域の 2 カ所で発生したことが，1968 年に国によって認められました。汚染源は，前者がチッソ水俣工場，後者が昭和電工鹿瀬工場です。

イタイイタイ病は，食物や水を介して体内に取り込まれたカドミウムが腎臓障害を引き起こし，次いで骨軟化症を引き起こすものです。カルシウムが不足し，骨折が頻発することで，患者が「痛い痛い」とうめくところから，イタイイタイ病と呼ばれるようになりました。大正時代から富山県神通川流域で発生しており，当初は原因不明の風土病と考えられていましたが，のちに三井金属鉱業神岡鉱業所からの排水に含まれていたカドミウムが原因であることが判明し，1968 年に国によって公害病として認定されました。

四日市ぜんそくは，三重県四日市市の石油化学コンビナートからの大気汚染を原因とするぜんそくです。排煙に含まれる二酸化硫黄を吸い込むと，気管支の炎症を起こします。さらに病状が悪化すると，慢性気管支炎，気管支ぜんそく，さらには肺気腫などになります。1964 年に最初の犠牲者が出ました。

各地で公害反対運動が活発化し，1967 年には新潟水俣病と四日市ぜんそく，1968 年にはイタイイタイ病，1969 年には熊本水俣病の訴訟がそれぞれ起こされました。

1967 年には公害防止対策を総合的に推進する法律である公害対策基本法が成立しました。しかし，この法律では，「生活環境の保全については，経済の健全な発展との調和が図られるようにするものとする」といういわゆる「経済との調和条項」が定められており，経済優先ととられかねない内容に批判が集まりました。

1970 年の第 64 回国会は「公害国会」とも呼ばれ，14 の公害関係法案が可決されました。公害対策基本法の「経済との調和条項」もこの国会で削除されました。さらに，公害対策を一元的に担うための行政機関として，1971年に環境庁が発足しました。また，1970年代に入って，前述の四大公害訴訟はいずれも原告側が勝訴しました。

⑶ 環境報告書

環境報告書とは，企業が自社の環境負荷の状況や環境対策の取り組みに関する情報を記載した報告書です。法律で発行が義務づけられてはいませんが，購入する製品，投資先，取引先の選定などに影響することがあるため，多くの企業が発行しています。近年は，環境に限らず，企業の社会的責任（Corporate Social Responsibility：CSR）に関する情報も含めて，CSR報告書，サステナビリティ報告書などとして発行されることも増えています。

⑷ ＬＣＡ

ライフ・サイクル・アセスメント（LCA）とは，対象とする製品・サービスの原材料の採掘から廃棄に至るまでのライフ・サイクル全体を通しての環境負荷を計測し，その環境への影響を包括的に評価する手法です。LCAを実施することで，ライフ・サイクルのどの段階で，どのような環境負荷が，どれだけ発生しているかが明らかになります。これにより，環境負荷軽減に有効な対策が明確になります。また，競合する製品よりも，環境負荷が小さいことを主張する科学的根拠が得られます。

これらのツールを活用して環境配慮経営を行う企業に対して，投資家は環境・社会・ガバナンスに配慮している企業を選別して投資を行うESG投資を通して支援することができます。また，消費者は環境負荷が少ない**環境配慮型製品**の購入を通して，そのような企業を支援することができます。第2節でESG投資について，第3節で環境配慮型製品の購入について，それぞれ見ていきましょう。

2 ESG 投資

ESG 投資とは

ESG 投資とは，従来，投資判断の主要な材料とされてきた財務情報に加えて，非財務情報である Environment（環境），Social（社会），Governance（ガバナンス＝企業統治）の3つの要素を考慮する投資です。たとえば，環境については省エネ等の地球温暖化防止の取り組み，社会についてはハラスメント防止の取り組みや女性の管理職登用，ガバナンスについては積極的な情報開示などの取り組みが評価されます。

ESG が投資家から評価されるようになったのは，企業の持続的な成長のためには，ESG への取り組みが重要であるという考えが投資家の間に広まったためです。2006 年に国連のアナン事務総長（当時）が，ESG を投資判断の材料とする**責任投資原則**（Principles for Responsible Investment：PRI）を提唱したことをきっかけとして，ESG 投資を行う投資家や，ESG に取り組む企業が急増しました（表 10.1）。

ESG 投資を推進する世界持続可能投資連合（GSIA）は，ESG 投資を表 10.2 の7種類に分類しています。ネガティブ／除外・スクリーニングは，武器やタ

CHART 表 10.1 責任投資原則

1. 私たちは，投資分析と意思決定のプロセスに ESG の課題を組み込みます
2. 私たちは，活動的な所有者となり，所有方針と所有習慣に ESG の課題を組み入れます
3. 私たちは，投資対象の主体に対して ESG の課題について適切な開示を求めます
4. 私たちは，資産運用業界において本原則が受け入れられ，実行に移されるように働きかけを行います
5. 私たちは，本原則を実行する際の効果を高めるために，協働します
6. 私たちは，本原則の実行に関する活動状況や進捗状況に関して報告します

（出所） PRI brochure 2021（Japanese）.

CHART 表 10.2 ESG 投資の分類

①ESG インテグレーション
環境，社会，ガバナンスの要素を財務分析に体系的かつ明示的に組み込むこと。
②コーポレート・エンゲージメントと株主行動
企業行動に影響を与えるために株主の力を利用すること（例：経営陣との対話，株主提案の提出）。
③規範に基づくスクリーニング
国連などの国際機関や NGO が発行した国際的な規範（例：国連グローバルコンパクト）を満たしているかに照らして投資を審査すること。
④ネガティブ／除外・スクリーニング
投資不可能とみなされる活動（例：武器の製造，動物実験の実施）に基づいて，特定の業種や企業を投資対象から除外すること。
⑤ベスト・イン・クラス／ポジティブ・スクリーニング
同業他社よりも環境，社会，ガバナンスの点で優れている企業等に投資すること。
⑥サステナビリティをテーマにした投資
環境的・社会的に持続可能な解決策（例：持続可能な農業，ジェンダー平等）に貢献するテーマや資産に投資すること。
⑦インパクト投資とコミュニティ投資
前者は環境や社会によい影響を与えるために投資を行うこと。後者は十分なサービスを受けてこなかった個人やコミュニティに資金を提供することや，社会的・環境的に明確な目的を持った事業に資金を提供すること。

（出所）“Global Sustainable Investment Review 2020”をもとに筆者作成。

バコを生産している企業や，動物実験や汚職を行っている企業など，ESG の観点で問題がある業種や企業を投資対象から除外するものです。逆に，ESG の観点から評価の高い業種や企業に投資を行うのがベスト・イン・クラス／ポジティブ・スクリーニングです。

また，経営陣との対話や株主としての意見表明を通じて企業へ ESG への取り組みを促すことも ESG 投資の一種です。これはコーポレート・エンゲージメントと株主行動と呼ばれます。

ヨーロッパ，アメリカ，カナダ，オーストラリア等や，日本における ESG 投資の総額は，2020 年初頭には 35.3 兆ドルに達しています。これは，総運用資産の 35.9% に当たります（GSIA, 2021）。

環境情報開示の動き

ESG 投資の広がりとともに，投資家が各企業の環境関連のリスクと機会を評価できるよう，それらに関する企業の情報開示を求める動きが活発化しています。とくに，気候変動（地球温暖化）は企業の業績に大きな影響を及ぼすため，企業が気候変動に対してどのように対応しているかといった情報は，投資家が投資判断を行ううえで重要な判断基準になりつつあります。そこで，気候関連のリスクと機会に関する情報開示を求める動きが強まりつつあります。

2015 年には，**気候関連財務情報開示タスクフォース**（Task Force on Climate-related Financial Disclosures：**TCFD**）が設立されました。TCFD は，2017 年に発表した気候変動への企業の取り組みに関する情報開示についての提言をまとめた報告書（TCFD 提言）の中で，企業等に対し，気候変動に関連したリスクと機会に関する 4 項目（①ガバナンス：気候関連のリスクと機会に関する管理体制，②戦略：気候関連のリスクと機会が事業，戦略および財務計画に与える実際のまたは潜在的な影響，③リスク管理：気候関連のリスクを特定，評価，管理するための方法，④指標と目標：気候関連のリスクと機会の評価と管理に使用される測定基準と目標）について開示することを推奨しています（TCFD, 2017）。

気候変動に続いて，生物多様性保全に関する情報開示を求める動きも活発化しています。2021 年には，**自然関連財務情報開示タスクフォース**（Task Force for Nature-related Financial Disclosures：**TNFD**）が発足しました。TNFD は，企業に対して，事業活動を通して自然にどれだけ依存し，影響を与えているかを把握し，開示することを求めます。実は生物多様性は経済に大きく貢献しています。2020 年の世界経済フォーラム（ダボス会議）では，世界の GDP（＝GWP）のうち，約 44 兆ドルが自然資本（生物多様性）に依存しているとしました。TNFD は，自然に悪い影響を与えるものから自然に良い影響を与えるもの（ネイチャー・ポジティブ）へと資金の流れを変化させることをめざしています（TNFD, 2021）。

3 環境配慮型製品の需要と供給

環境配慮型製品

持続可能な経済を作るうえで，最も重要なことの1つは，市場の中で環境に配慮した財（環境配慮型製品）が取引されるようになることです。このためには，企業および消費者の行動が重要になります。

環境配慮型製品には，大きく分けて2つあります。1つは，企業が環境に配慮した原材料を製品生産に利用した財です。たとえば，家具メーカーや住宅メーカーが作る家具製品や住宅に，環境に配慮し持続可能な方法で伐採されている木材を使うことがそうです。

もう1つは，環境に配慮した生産方法を採用した財です。たとえば，工場から排出される二酸化炭素を減らし，地球温暖化緩和に貢献する生産方法で作られた財です。今日では，調達と生産面だけではなく，リサイクルやリユースしやすいという廃棄物管理を考えた財も重要です。

調達と生産面で，このように環境に配慮して生産された財が市場に供給されるだけでは持続可能な経済は実現されません。実現するためには，供給された財が，消費者によって購入されることが必要です。もし，消費者が購入を行い続ければ，環境に配慮した財の供給は継続するでしょう。

以下では，このように環境配慮型の財を企業が供給することの経済学的性質を議論します。あわせて，環境配慮型製品がより取引されやすいようにするための政策的手段を紹介します。

環境配慮型製品の生産

工業製品の場合，原材料が製品となり，最終的に消費者に届くまでには，通常多くの生産者が関わっています。家具の場合を例にとってみましょう。一次産品（木材）の生産者，木材の加工業者，そしてそれらの加工品を用いて最終的に製品にする家具メーカーがいます。経済学の用語でいえば，一次産品や加工木材を中間生産物，そして製品を最終生産物といいます。

工業製品の多くは，一次産品を使用せず多くの加工された中間生産物によって生産された最終生産物です。一方，魚や野菜のように，一次産品が流通を経てそのまま最終生産物になる製品もあります。また，コメのように，同じ一次産品でも酒や菓子の中間生産物として用いられる場合も，そのまま最終生産物になる場合もあるものもあります。

話を簡潔にするため，一次産品の木材を伐採する木材生産者，およびそれを用いて１種類の加工木材を作る加工業者，さらに加工木材を中間生産物として投入する家具メーカーがいるとします。

木材生産者は，環境配慮型木材あるいは非配慮型木材を生産することができます。加工業者は，木材生産者から木材を仕入れ加工しますが，配慮型と非配慮型の木材を使うことができます。家具メーカーはさまざまな加工木材を購入し，家具を生産しますが，配慮型と非配慮型の両方を使うことができます。環境配慮型の製品が市場を占めるためには，こうした生産者がすべて環境配慮型の生産物を生産することが重要です。家具メーカーが生産したいと思っても，木材生産者も加工業者もそうしなければ実現できないのです。

環境配慮型木材を生産すると，生産費用が増加します。他の木材を傷つけないように注意を払って伐採するなど，伐採についての労力が増えるからです。木材生産者が生産し続けるためには，費用をカバーするだけ収入が増えなくてはなりません。そのためには，価格にプレミアムが付く必要があります。すなわち，加工業者は高い価格で木材を購入しなければなりません。同様に，加工業者が生産する加工木材は，家具メーカーに高い価格で買ってもらう必要があります。

いま，木材生産者が環境配慮型木材を生産し，それが加工され，家具メーカーが購入するとしましょう。さらに，家具メーカーは環境配慮型製品を生産するとします。このとき，家具メーカーの供給曲線は，非環境配慮型製品に関する供給曲線と比較して，上にシフトすることになります。供給曲線は限界費用曲線ですので，家具１単位を作るのに必要な加工木材の購入にかかる費用の増加分が，ちょうどシフト幅になることに注意しましょう。これが図に示されています（図 10.1）。同じ水準の生産を行おうとすると，総費用が k×生産量だけ

CHART 図 10.1 環境配慮型製品の供給曲線

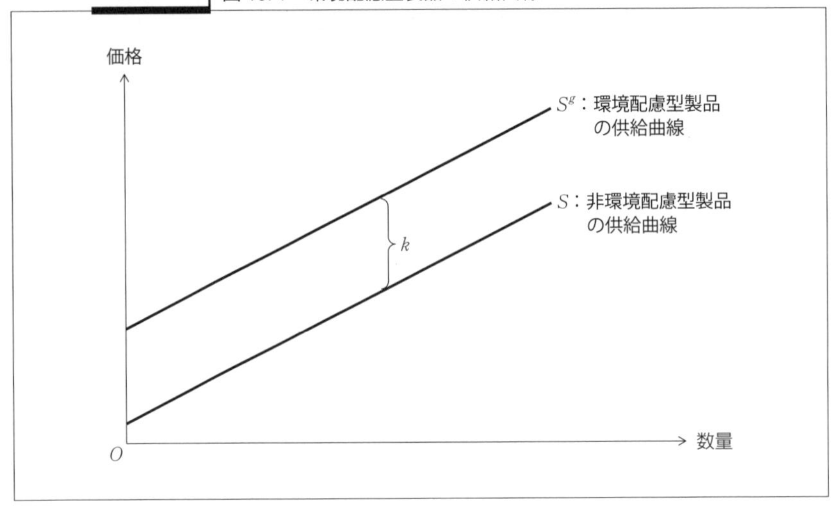

増加することがわかります。

家具メーカーが，調達面だけではなく，生産面でも環境配慮型にしようとすれば，さらに費用が増加します（供給曲線がさらに上にシフトします）。たとえば二酸化炭素の排出を減らす生産方法をとろうとすれば，そのための設備投資などが必要になるでしょう。このように，調達面でも生産面でも環境配慮型製品を供給しようとすることは費用増となってしまうのです。

このように費用増となっても生産者が供給を行おうとするためには，生産者に対する見返りが必要です。そのためには，生産者だけではなく消費者の行動が重要になります。

環境配慮型製品への需要

消費者の財に対する需要は需要曲線で表されます。仮に，環境配慮型製品に対する需要曲線が非配慮型製品に対するものと同じ D_0 だったとしましょう（図 10.2）。すると，非配慮型製品を供給していたときの利潤の大きさと，配慮型製品についての利潤の大きさを比較することができます。前者の価格が P_0^c，後者の価格が P_0^g になることから，それぞれ図 10.2 の FAP_0^c，GBP_0^g の部分が利潤の大きさになります。環境配慮型製品の方が小さくなることがわかるでし

CHART 図 10.2 環境配慮型製品の需要曲線と供給曲線

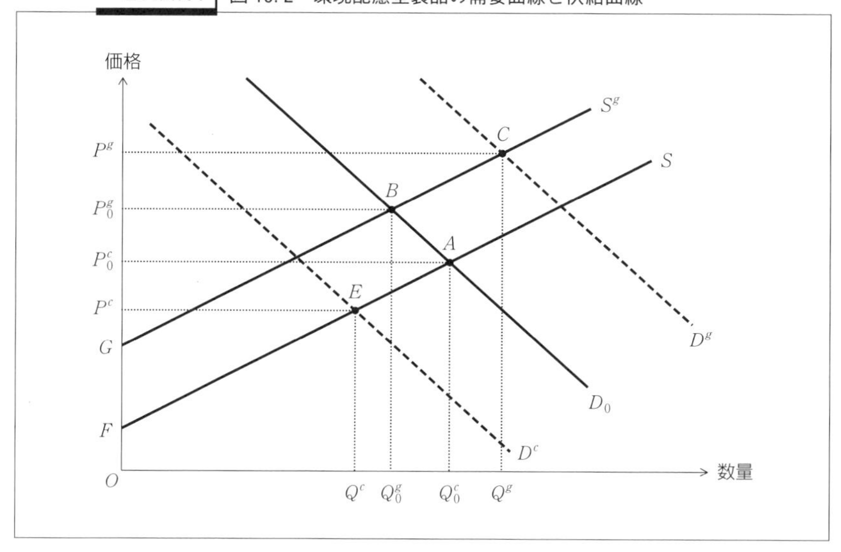

ょう。このように，生産者にとっては，環境配慮型製品を供給しようとすることは，割に合わないことが多いのです。

しかし，環境配慮型製品についての需要が拡大すればどうでしょうか。これは，需要曲線が右にシフトしていくことを表します。また，これに従って，非環境配慮型製品の需要が減少します。これらを D^g, D^c で表してみます。すると，環境配慮型製品生産者の利潤は GCP^g に増大します。一方，非配慮型製品生産者の利潤は FEP^c に減少するでしょう。

このように環境配慮型製品が浸透していくためには，生産者だけが努力しただけでは実現できず，消費者の選好が強まる必要があるのです。もちろん，消費者の需要が高まっただけでも実現できず，生産者が実際に供給してくれないと話になりません。持続可能な経済とは，生産者と消費者がともに責任を持つ仕組みなのです。

さて，消費者の環境配慮型製品に対する需要が強まり，十分な利潤が生まれるようになると，どのようなことが起こるでしょうか。家具メーカーは，もっと環境配慮型製品を作るために環境配慮型加工木材をより多く仕入れようとするでしょう。同様に，加工業者は，より多くの環境配慮型木材を調達しようとするでしょう。その結果，木材生産者は，環境配慮型木材の生産を増やしていきます。家具メーカーにとって消費者の需要が高まるのと同じ現象が，加工業者にも木材生産者にも起こったことになります。

需要が高まると，環境配慮型加工木材や原木の生産量を増やそうとしたり，新たに生産しようとする同業者が参入してきます。加工業者にとっても，木材生産者にとっても，その方が，利益が多くなってくるからです。その結果，環境配慮型製品のシェアが市場で増えていくでしょう。

このように，消費者の環境配慮型製品への需要が強くなると，いろいろな好循環が生まれていきます。

サプライチェーンと価格プレミアム

生産者と消費者の中のさまざまな主体が持続可能な経済へ移行するためのカギを握る中で，最重要な主体が，上記の例でいうと，木材生産者です。環境（この場合は森林）を持続可能なものとすることに直接関わる人だからです。ですから，ここで十分な価格プレミアムが生まれなければなりません。

一次産品である原材料の生産から消費者が購入するまでの流れを**サプライチェーン**といいます。ものが流れる川のように，消費者側を下流，原材料生産者側を上流方向といいます。このサプライチェーンが長いほど（最終生産物ができるまで多くの工程が存在するほど），消費者の需要が強まっても，その需要の強さが原材料の生産者が販売する価格に適切に反映されにくくなります。それは，下流から上流に価格プレミアムが向かうにつれて，各工程の生産者が吸い取ってしまうことが多いからです。

サプライチェーンが短い生産物は農作物です。場合によっては，最上流の農家から直接消費者に農作物が販売されることもあります。こうした場合は，需要が強まればただちに農家の販売価格に反映されるでしょう。しかし，多くの場合，工程は長かったり複雑であったりして，こうしたことがなかなか起こらないのです。

こうした問題を是正するため，さまざまな方策がとられます。最上流の生産者に，環境配慮型生産物の生産により取り組みやすくするために，補助金を与えることはその代表的な例です。しかし，それには財政基盤が必要で，政府の

Column ⑩-2 環境ラベル

消費者が，ある製品やサービス（財）が環境に配慮されて生産されたことを知ることは困難です。ある財がどのような環境配慮のもとで生産されたのかを，消費者に伝えるものが環境ラベル（エコラベル）です。環境ラベルは，財の環境情報を端的に消費者に伝え，そうした財を消費者が購入することで環境に貢献することを大きく手助けしてくれます。

環境ラベルは，さまざまな部門の財で用いられています。たとえば，農水産物，繊維製品，木材，エネルギー，交通，金融，ツーリズム，洗浄剤などです。公的機関や非営利団体が認証するものもあれば，生産者が知ってほしい環境情報を自ら明記するものもあります。国際的なものもあれば，国内を対象にしているものもあります。多くは自発的（生産者の意思に任せるもの）ですが，義務的なものも存在します。また，EU の環境ラベルは，対象を特定の財の環境配慮に限定せず，炭素削減やリサイクルをはじめ，いわゆる「サーキュラー・エコノミー」に貢献する製品・サービスを認証しています。

経済学的には，環境ラベルは，生産者と消費者の，製品の環境に関する情報の非対称性を解消する役割を果たし，環境配慮型の財が市場から淘汰されない（逆淘汰されない）仕組みに貢献します。

カナダにあるエコラベル・インデックスのウェブサイトには，世界中の環境ラベルの情報が掲載されています。2021 年現在，25 部門，199 カ国で 455 の環境ラベルが用いられています。

（参考文献） OECD（2016）“Environmental Labelling and Information Schemes: Policy Perspectives.”

Column ⑩-3 コンジョイント分析――有機栽培の価値評価

コンジョイント分析は，アンケートを使って環境の価値を評価する表明選好法の一種です。コンジョイント分析を用いれば評価対象が持つさまざまな特徴の価値を個別に評価することができます。たとえば，リンゴには，味，外観，大きさ，栽培方法，産地，生産者情報，価格などの特徴がありますが，コンジョイント分析を用いれば，これらの特徴の価値を個別に評価することができます。

リンゴの栽培方法，産地，生産者情報の価値をコンジョイント分析により評価した事例を見てみましょう（村上ほか，2013）。この研究では，栽培方法，

図1　コンジョイント設問の掲示画面（例）

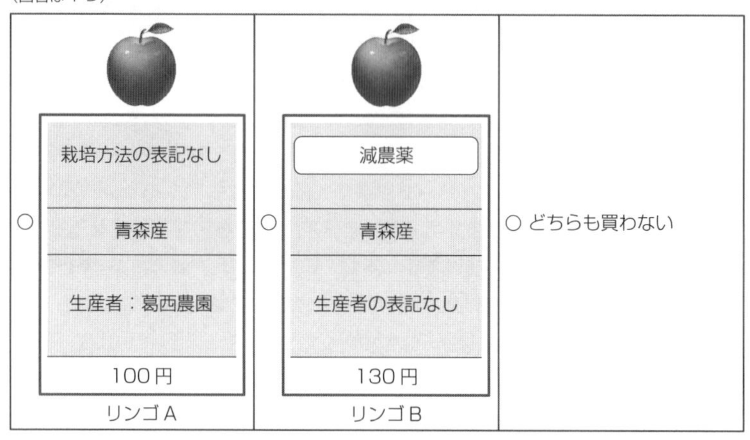

表1　コンジョイント設問の属性と水準

属性	水準1	水準2	水準3	水準4
栽培方法	有機栽培	特別栽培	減農薬	栽培方法の表記なし
産地	青森産	山形産	長野産	産地表記なし
生産者情報	生産者名	生産者名＋電話番号	生産者名＋写真	生産者の表記なし
価格	100円	130円	160円	190円

産地，生産者情報，価格のうち一部または全部が異なる2つのリンゴと，どちらのリンゴも買わないことを意味する「どちらも買わない」の3つの選択肢を回答者に提示し，どれを選ぶかを尋ねました。調査に用いられた質問は，**図1**のようなものです。ここでは，栽培方法，産地，生産者情報，価格の4つ以外の特徴については，どちらのリンゴでも同じであると仮定されています。

表1に示すとおり，栽培方法については，「有機栽培」「特別栽培」「減農薬」「栽培方法の表記なし」の4つのうちいずれかをとります。同様に，産地，生産者情報，価格についても，あらかじめ設定された4つの内容のうちいずれかをとります。

多くの質問で，3つの選択肢には，それぞれ望ましい点と望ましくない点が

表2　それぞれの特徴の価値

特徴	価値
有機栽培	40.40円
特別栽培	24.22円
減農薬	29.28円
青森産	23.07円
山形産	21.62円
長野産	25.81円
生産者名	26.13円
生産者名＋電話番号	44.76円
生産者名＋写真	21.23円

ありますので，回答者は3つの選択肢の特徴を比較考慮し，総合的に見て最も望ましいと思うものを選択します。選択肢を変えてこのような質問を繰り返すことで，模擬的な市場行動のデータを多数入手することができます。

そのようにして得られたデータを計量経済学の手法を用いて分析することで，それぞれの特徴が効用に及ぼす影響を推定することができます。そして，それらが推定されれば，1円のお金から得られる効用（所得の限界効用）とその他のそれぞれの特徴から得られる効用の比から，それぞれの特徴の価値を算出することができます。たとえば，有機栽培であることから得られる効用を$\beta_{有機栽培}$，1円から得られる効用を$-\beta_{価格}$と表すと，有機栽培の価値は$\beta_{有機栽培}/-\beta_{価格}$となります（$\beta_{価格}$は1円の支払が効用に及ぼす影響として推定され，負の値になりますので，$-\beta_{価格}$が1円から得られる効用を表します）。

表2は分析結果の一例です。ここから，栽培方法の表記がない場合と比較して，有機栽培には40.40円の価値があると消費者が評価していることがわかります。このようにコンジョイント分析を用いることで，評価対象の特徴の価値を個別に評価することができます。

コンジョイント分析は表明選好法の一種であるため，CVMと同様に非利用価値も評価可能です。一方で，アンケートを用いますので，CVMと同様にバイアスに注意が必要です。

（参考文献）　村上佳世・丸山達也・林健太（2013）「消費者の知識と信念の更新――オーガニック・ラベルのコンジョイント分析」『日本経済研究』(68)，23-43頁.

予算が逼迫すると，縮小・廃止されることも多いのです。

消費者と認証

消費者は，日常的に多くの製品を購入しています。よほど環境問題に心を痛めている人以外に，1つ1つの製品が，環境に配慮したものであるかをチェックする消費者はいないでしょう。すると，一見しただけでは，環境に配慮した製品を非配慮型製品と区別することができないため，消費者にとっては価格の安い方を選びがちです。先に説明したように，環境配慮型製品はコストが増えやすいため，価格も高くなります。こうしたことから，消費者に環境配慮・非配慮を区別できる情報がない場合には，安い製品である環境非配慮型製品が市場を席巻してしまうことになります。

このように，一方（売り手）には製品の違いがわかっているのに，もう一方（買い手）にはわかっていない状況を，**情報の非対称性**があるといいます。そして，質（この場合は環境に対して）の低い製品が質のいい製品を市場から駆逐してしまうことを**逆淘汰**といいます。

逆淘汰を生じさせないためには工夫が必要です。その1つが**認証**です。認証は，その製品の質がある特定の基準を満たしている場合に，その質を認知できるようなラベルを製品に付すことです。最もよく知られた認証の1つに，製品の安全性を保証するJIS認証があります。そして，環境に配慮していることを示す認証が**環境ラベル（エコラベル）**です。

環境ラベルは，ISO 14000シリーズにその一般原則が定められています。3つのタイプに類別され，タイプⅠは，第三者認証によるものです。また，タイプⅡは，自己宣言によるもの，タイプⅢは，環境情報表示型のものとされています。この中では，タイプⅠの認証は，基準が客観的であり信頼性が高いものと考えられています。

タイプⅠの環境認証にはさまざまなものがあります。たとえば，公益財団法人日本環境協会が制定する「エコマーク」は，さまざまな商品（製品およびサービス）の中で，「生産」から「廃棄」にわたるライフ・サイクル全体を通して環境への負荷が少なく，環境保全に役立つと認められた商品につけられる環境ラベルです。

農業分野では有機農産物に対して与えられる有機JAS認証があります。これは，農林水産省に登録された認証機関が認証しています。一方，林業では，森林管理協議会（FSC）が認定するFSC認証が有名です。また，漁業では，海洋管理協議会（MSC）が認定するMSC認証があります。FSC認証もMSC認証も，持続可能な方法で伐採されたり展開される林業と漁業に対して認められるものです。

こうしたさまざまな認証の認知度が高くなると，環境に配慮しようとする消費者の選択がより容易になると考えられます。

●参考文献
・GSIA（2021）"Global Sustainable Investment Review 2020."
・TCFD（2017）"Final Report Recommendations of the Task Force on Climate-related Financial Disclosures."
・TNFD（2021）"Nature in Scope."

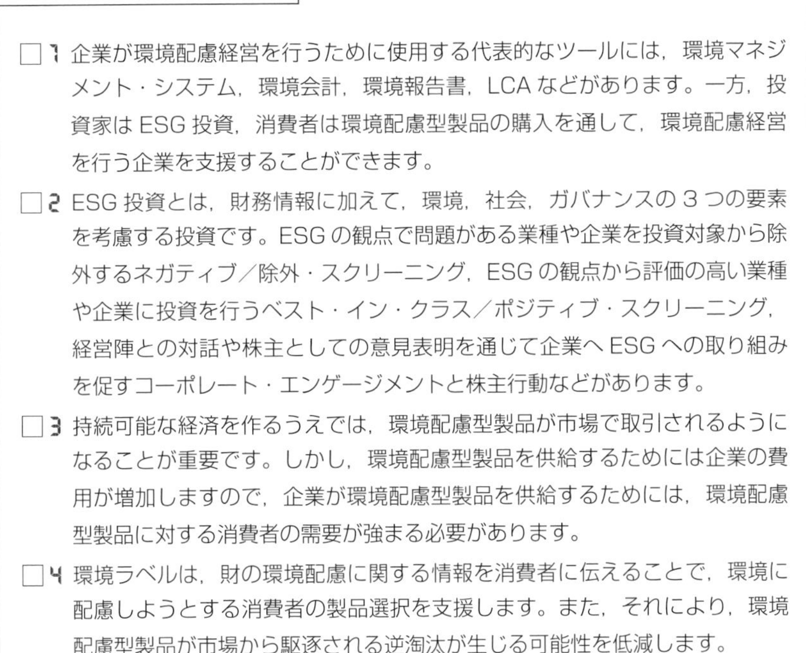

SUMMARY ●まとめ

□ 1 企業が環境配慮経営を行うために使用する代表的なツールには，環境マネジメント・システム，環境会計，環境報告書，LCA などがあります。一方，投資家は ESG 投資，消費者は環境配慮型製品の購入を通して，環境配慮経営を行う企業を支援することができます。

□ 2 ESG 投資とは，財務情報に加えて，環境，社会，ガバナンスの 3 つの要素を考慮する投資です。ESG の観点で問題がある業種や企業を投資対象から除外するネガティブ／除外・スクリーニング，ESG の観点から評価の高い業種や企業に投資を行うベスト・イン・クラス／ポジティブ・スクリーニング，経営陣との対話や株主としての意見表明を通じて企業へ ESG への取り組みを促すコーポレート・エンゲージメントと株主行動などがあります。

□ 3 持続可能な経済を作るうえでは，環境配慮型製品が市場で取引されるようになることが重要です。しかし，環境配慮型製品を供給するためには企業の費用が増加しますので，企業が環境配慮型製品を供給するためには，環境配慮型製品に対する消費者の需要が強まる必要があります。

□ 4 環境ラベルは，財の環境配慮に関する情報を消費者に伝えることで，環境に配慮しようとする消費者の製品選択を支援します。また，それにより，環境配慮型製品が市場から駆逐される逆淘汰が生じる可能性を低減します。

EXERCISE ● 練習問題

10-1 以下の文章の空欄に四角の中から言葉を選んで文章を完成させなさい。

企業が環境配慮経営を行うために使用する代表的なツールには，環境マネジメント・システムに関する国際的な規格である（ 1 ）の認証取得，環境対策の費用と効果を把握し，伝達する仕組みである（ 2 ），企業の環境負荷の状況や環境対策の取り組みに関する情報を記載した報告書である（ 3 ），製品・サービスの原材料の採掘から廃棄に至るまでのライフ・サイクル全体を通しての環境負荷を計測し，その環境への影響を包括的に評価する（　4　）などがある。投資家は環境・社会・ガバナンスに配慮している企業を選別して投資を行う（　5　）を通して，消費者は環境負荷が少ない環境配慮型製品の購入を通して，それぞれ環境配慮経営に取り組む企業を支援することができる。

①CSR　②LCA　③環境会計　④ISO 14001　⑤環境報告書
⑥有価証券報告書　⑦ESG 投資　⑧環境格付融資

10-2 ESG 投資にはどのようなものがあるか説明しなさい。

10-3 あなたが関心を持つ企業の環境報告書（または，CSR 報告書，サステナビリティ報告書など）を読んで，感想を述べなさい。

10-4 あなたの身の回りにある環境ラベルを見つけて，それがどのような環境配慮を表すものか調べなさい。

おわりに――持続可能な社会に向けて

環境政策の大きな特徴の1つは，遠い将来世代の福利を配慮することです。実際に，地球温暖化問題では，2100年の地球の平均気温を目標にして，現在の温室効果ガス削減政策が議論されます。これは，まさに22世紀の人々の生活に対する影響を考えていることにほかなりません。

将来世代に対する配慮は，1987年に国連の「環境と開発に関する世界委員会」（いわゆるブルントラント委員会）が公表した報告書『我ら共有の未来』の中で国際社会に対して明確に提示されたものです。そこでは，未来に対する脅威として，人類の生存の基盤である環境が地球的規模で汚染・破壊されていることが指摘され，経済発展のあり方を大きく変える必要があることが強調されました。そして，「将来の世代の欲求を満たしつつ，現在の世代の欲求も満足させるような」発展のことを**持続可能な開発（発展）**と定めました。それ以降，持続可能な発展は，環境と両立する経済成長や経済活動を意味する概念として広く用いられています。持続可能な発展の概念は，「持続可能性」（サステナビリティ）という言葉で表されることもあります。

ブルントラント委員会の定義では，持続可能な発展は将来世代に対する配慮とともに，現世代の経済的ニーズを満たすようなものでなければなりません。その意味で，現世代の環境利用は，将来世代に脅威を与えないような範囲で，最大限に効果的に行う必要があります。本書でこれまで説明した効率性という概念は，現世代のこうした効果的な環境利用と結びついているものです。

世代間の衡平性

持続可能性の定義では，将来世代の福利が著しく低下するような現世代の自然環境利用は許容されません。各世代の福利が十分に配慮されることを**世代間の衡平性**が満たされるといいます。したがって，現世代と将来世代の福利のバランスを適切にとりながら経済運営や自然資本管理をしていく必要があります。では，世代間の衡平性を実現するとは，具体的にはどのようなことをすればいいのでしょうか。

持続可能性を具体的に考えるうえで便利なのが資本ストックに着目した考え方です。資本ストックとは，何らかの恩恵（サービス）を生み出すものを指します。たとえば，人間の作ったものである人工資本は，道路，工場，機械，通信網などとして，さまざまな経済活動を可能にしてくれます。一方，再生可能資源と枯渇資源は自然資本と呼ばれます。本書の第9章で説明したように，自然資本は，物質的な恩恵を提供してくれるだけではなく，防災インフラの役割を果たしてくれたりするなど，さまざまなサービスを提供してくれます。つまり，物的な恩恵だけではなく，無形の恩恵も与えてくれる存在です。

さらに，人間社会には，膨大な知識や技術が存在しています。この知識・技術は，さまざまな経済活動や社会活動を可能にしてくれます。恩恵は幅広いものです。たとえば，以前ならば治らなかった病気にかかっても今日では完治したり，大きく改善することも多いのです。これは，医学的知識や医療技術のおかげです。したがって，社会は，知識・技術のストックからの，無形の恩恵を受けています。その意味では，知識や技術を資本ストックと呼ぶことができます。実際，こうした，資本ストックを人的資本ストックと呼びます。

このように，社会の経済的豊かさと自然の豊かさは，3つの種類の資本ストックに基づいて定まり，人間の福利を決定します。持続可能性の議論では，これらの資本ストックをベースにして，現世代がどのように将来世代に世代間の衡平性を満たすように各資本ストックを遺贈するかを議論します。

どのように資本ストックを遺せば世代間の衡平性を実現できるのでしょうか。たとえば，現世代が受け取った資本ストックを減らすことなく，将来に遺すことを考えてみましょう。このルールに沿えば，どの世代も同一の福利を得ることになるでしょう。

しかし，第7章で説明したように，自然資本ストックの中には，石油や鉱石などの枯渇資源のように利用を控えないかぎり，その減少を止められないものがあります。もし，枯渇性の自然資本ストックを減少させずに遺そうとするならば，常に利用しないという選択肢しかありません。他の方法は考えられないでしょうか。第7章では，1つは枯渇資源を利用し減らす代わりに他の資本を増やす方法を考えました。たとえば，現世代が石油や石炭をエネルギーとして使用して資源を減らしてしまっても，再生可能エネルギーの発電設備や技術

（人工資本と人的資本）を増やして将来世代に渡すことで，将来世代も十分なエネルギーを利用できることになり，その福利を低下させないことが可能となります。一方，サンゴ礁に代表されるように，主に調整サービス（第9章を参照）を通じて人々が福利を得るような自然資本が減少した場合でも，他の資本ストックを増加させることにより，十分に高い経済的豊かさが実現できれば，将来世代の福利を低下させないようにすることができるかもしれません。

このように，ある資本ストックを減らしてしまっても，他の資本ストックを増加させることにより補うことで持続可能性が保証されるという考え方を，**弱い持続可能性**と呼びます。原則的に，弱い持続可能性では，自然資本のあるストックを減らしても，他の自然資本あるいは人工資本や人的資本と代替が可能であると考えます。この場合，将来世代の福利を減らさないほど十分に他の資本ストックで代替・補償してやることが必要です。エネルギーを使用するために自然資本を減らしてしまっても，他の手段によりエネルギーが供給できるようになれば，弱い持続可能性を実現できる可能性は高いでしょう。つまり，たとえ地球環境が悪化していっても，自然の豊かさを他の資本の増加により可能となる経済的豊かさで代償する形で，世代間の衡平性が実現できるかもしれません。地球環境が劣化を続けていっても，人工・技術資本が十分蓄積されれば，このことが原則的に実現可能であると考えるのが弱い持続可能性です。

強い持続可能性

エネルギー利用の観点からは，自然資本と人工・人的資本は代替可能かもしれません。しかし，自然資本を人工・人的資本で代替することが不可能であるケースも多いのです。

たとえば，農業を考えてみましょう。農作業のための機械の使用量や技術を高めても，水の供給量が減ってしまえば，農業生産は増大することはないでしょう（水の節約技術が減少幅を抑制するかもしれませんが）。農業生産における水のように，人工・人的資本ストックが増えても，自然資本ストックが少ししか利用できない状況になってしまえば，生産量は増えません。この場合，自然資本を減らしてしまえば，将来の生産量は減少してしまうでしょう。このようなケースでは，自然資本と他の資本は補完関係にあるといいます。補完関係にあるようなケースでは，持続可能性を実現するためには，少なくともその自然資本ストックを維持する必要があります。

さらに，自然資本ストックの恩恵の中には，経済的豊かさによって代替不可能なものもあるかもしれません。たとえば，森林は，酸素の主要な供給源として人間社会に恩恵を与えます。あるいは自然のダムとして，水を集め，さらにそれを浄化する役割も果たしてくれます。アマゾンのような広大な森林は，気候をも制御してくれる役割を持っています。森林がなくなれば，人間社会は大きな損失を受けることになるでしょう。

大気も，二酸化炭素濃度が適度な水準を超えてしまえば，温室効果を過剰に高め，平均気温を上昇させて異常気象を引き起こしてしまうでしょう。代替不可能な自然資本，あるいは代替できたとしてもきわめて費用がかかってしまうような，人間社会にとってその存在がきわめて本質的で重要な自然資本ストックを**クリティカルな自然資本ストック**と呼びます。このクリティカルな自然資本ストックを決して減少・劣化させないで将来世代に遺すことが持続可能性の実現には不可欠であるとする考え方を**強い持続可能性**といいます。

今日では，生物多様性をはじめ，多くの自然資本は，経済にとっても人々の生活にとってもクリティカルであるという認識が定着しています。その意味で，強い持続可能性を実現しなければなりません。弱い持続可能性と比較すると，強い持続可能性では，自然資本をより注意を払って管理していく必要があるでしょう。第1章で説明した**図1.1**に基づけば，経済は，ソースとしてもシンクとしても自然環境を利用するとき，自然資本を減少させないメカニズムを内在するシステムを構築することが求められます。そして，そのシステムには，本書で紹介したさまざまなメカニズムが含まれています。

MDGs と SDGs

ブルントラント委員会以後，持続可能性を実現しようとする国際的取り組みが進んでいます。2000年9月には，国際目標として**ミレニアム開発目標**（Millennium Development Goals：**MDGs**）が採択されました。MDGsは，2015年までに達成すべきものとして，次の8つの目標を掲げました。そのうちの1つ（目標7）が環境目標です。

目標 1：極度の貧困と飢餓の撲滅

目標 2：初等教育の完全普及の達成

目標 3：ジェンダー平等推進と女性の地位向上

目標 4：乳幼児死亡率の削減

目標 5：妊産婦の健康の改善

目標 6：HIV／エイズ，マラリア，その他の疾病の蔓延の防止

目標 7：環境の持続可能性確保

目標 8：開発のためのグローバルなパートナーシップの推進

2015 年 9 月には，MDGs の後継目標として，**持続可能な開発目標**（Sustainable Development Goals：**SDGs**）が，国連サミットで採択されました。SDGs は「持続可能な開発のための 2030 アジェンダ」にて記載された 2016 年から 2030 年までの下記の 17 の国際目標で，169 のターゲットを含んでいます。

目標 1：あらゆる場所のあらゆる形態の貧困を終わらせる

目標 2：飢餓を終わらせ，食料安全保障および栄養改善を実現し，持続可能な農業を促進する

目標 3：あらゆる年齢のすべての人々の健康的な生活を確保し，福祉を促進する

目標 4：すべての人々への包摂的かつ公正な質の高い教育を提供し，生涯学習の機会を促進する

目標 5：ジェンダー平等を達成し，すべての女性および女児の能力強化を行う

目標 6：すべての人々の水と衛生の利用可能性と持続可能な管理を確保する

目標 7：すべての人々の，安価かつ信頼できる持続可能な近代的エネルギーへのアクセスを確保する

目標 8：包摂的かつ持続可能な経済成長およびすべての人々の完全かつ生産的な雇用と働きがいのある人間らしい雇用（ディーセント・ワーク）を促進する

目標 9：強靱（レジリエント）なインフラ構築，包摂的かつ持続可能な産業化の促進およびイノベーションの推進を図る

目標 10：各国内および各国間の不平等を是正する

目標 11：包摂的で安全かつ強靱（レジリエント）で持続可能な都市および人間居住を実現する
目標 12：持続可能な生産消費形態を確保する
目標 13：気候変動およびその影響を軽減するための緊急対策を講じる
目標 14：持続可能な開発のために海洋・海洋資源を保全し，持続可能な形で利用する
目標 15：陸域生態系の保護，回復，持続可能な利用の推進，持続可能な森林の経営，砂漠化への対処，ならびに土地の劣化の阻止・回復および生物多様性の損失を阻止する
目標 16：持続可能な開発のための平和で包摂的な社会を促進し，すべての人々に司法へのアクセスを提供し，あらゆるレベルにおいて効果的で説明責任のある包摂的な制度を構築する
目標 17：持続可能な開発のための実施手段を強化し，グローバル・パートナーシップを活性化する

解決すべき問題はきわめて広範で，ともすればあまり馴染みのない問題も含まれているかもしれませんが，このような目標が今日掲げられている現状を調べ，その深刻さをぜひ知ってほしいと思います。

なお，SDGs には人口問題の緩和目標が掲げられていません。人口を抑制する目標は微妙な問題を含み，途上国の合意を得るのが容易ではないのかもしれません。そうであっても，すでに 76 億人を超えている世界の人口問題は，資源の過剰利用など多くの環境問題と関わっています。しかし，実は，貧困問題を緩和したり女性に高等教育を与えたりすることは，人口抑制のための効果的な手段になるのです。その意味では，SDGs 目標は，結果的に人口抑制につながる目標であるということもできるかもしれません。

SDGs の目標 6，13〜15 は，水資源や大気・海洋・森林などの自然資本を保護したり豊かなものにしたりすることを意味する環境目標です。SDGs の目標の多くは，すべての人に経済的豊かさと自然の豊かさを可能にすることと捉えることができます。

SDGs は，今日多くの国で政府・民間レベルを問わず配慮されており，たとえば国・地方自治体の政策や企業の社会貢献の中にも貢献目標として取り入れ

られることが多くあります。環境経済学は，こうした目標の実現に向けたデザインを提供します。読者の皆さんは，より専門的なテキストを勉強することで，さらに知識を得ることができるでしょう。

環境問題は，自分たち自身の将来あるいは自分たちの子供に直接関わる問題です。2021 年，将来世代のために行動を今とることがいかに重要かを教えてくれる研究が発表されました。

1980 年代，世界が最も解決しようとした地球規模の環境問題は，多くの工業製品に使用されていた人工の化学物質であるフロンの排出によるオゾン層の減少でした。オゾン層は紫外線からガードする役割を果たしますので，オゾン層が減少すると，紫外線に起因する皮膚がんなどの健康被害や植物への被害が増加することが懸念されたのです。そして，努力の結果，1987 年，オゾン層を破壊するフロンを使用しない約束であるモントリオール議定書が採択され，世界はフロンの使用を禁止しました。

フロンは，実は強力な温室効果ガスでもあります。温室効果が二酸化炭素の数百倍から 1 万倍もあるこのフロンが禁止されていなかったら，地球温暖化はどれだけ進展していたのでしょうか。フロンの増加の影響と，紫外線による森林被害によって二酸化炭素が森林から放出されることで（第 4，9 章の REDD+ を参照），今世紀末の地球の平均気温を 2.5 度さらに上昇させるものになっていたという研究が公表されました（Young et al., 2021）。第 4 章で見たように，今世紀末の気温上昇の努力目標が，パリ協定では産業革命以前と比較して 1.5 度の上昇に抑えることであることを考えると，仮にパリ協定に沿った努力が実現しても，フロンが禁止されていなければ今世紀末の気温は 4.0 度上昇することになります。モントリオール議定書は，きわめて大きな貢献をしたといえるでしょう。

フロンの例が示すように，将来世代がどのような環境に直面するのかは，今日の行動によって決まるでしょう。ぜひ，将来に対する自身の問題として，環境問題を考えていってください。

●参考文献

・Young, P. J. et al. (2021) “The Montreal Protocol Protects the Terrestrial Carbon Sink,” *Nature*, 596 (7872), 384-388.

文献案内

さらに深く環境経済学を学びたい皆さんには，以下のテキストをお薦めします。

初級レベル

・浅子和美・落合勝昭・落合由紀子『グラフィック環境経済学』新世社，2015年
・有賀健高『環境経済学――環境・資源問題を経済学はどう捉えるか』時潮社，2021年
・一方井誠治『コア・テキスト環境経済学』新世社，2018年
・植田和弘『環境経済学』岩波書店，1996年
・栗山浩一・柘植隆宏・庄子康『初心者のための環境評価入門』勁草書房，2013年
・栗山浩一・馬奈木俊介『環境経済学をつかむ（第4版）』有斐閣，2020年
・浜本光紹『環境経済学入門講義（増補版）』創成社，2021年
・日引聡・有村俊秀『入門環境経済学――環境問題解決へのアプローチ』中央公論新社，2002年
・諸富徹・浅野耕太・森晶寿『環境経済学講義――持続可能な発展をめざして』有斐閣，2008年
・ターナー，R. K.／D. ピアス／I. ベイトマン（大沼あゆみ訳）『環境経済学入門』東洋経済新報社，2001年
・ハンレー，N.／J. ショグレン／B. ホワイト（田中勝也編訳）『環境経済学入門』昭和堂，2021年
・ヒール，J.（細田衛士・大沼あゆみ・赤尾健一訳）『はじめての環境経済学』東洋経済新報社，2005年
・フィールド，B. C.（秋田次郎・猪瀬秀博・藤井秀昭訳）『環境経済学入門』日本評論社，2002年
・フィールド，B. C.（庄子康・柘植隆宏・栗山浩一訳）『入門自然資源経済学』日

本評論社，2016 年

中級レベル

- 柴田弘文『環境経済学』東洋経済新報社，2002 年
- 前田章『ゼミナール環境経済学入門』日本経済新聞出版社，2010 年
- コルスタッド，C. D.（細江守紀・藤田敏之監訳）『環境経済学入門』有斐閣，2001 年

上級レベル

- 細田衛士編著『環境経済学』ミネルヴァ書房，2012 年
- 細田衛士・横山彰『環境経済学』有斐閣，2007 年
- ハンレー，N.／J. ショグレン／B. ホワイト（政策科学研究所環境経済学研究会訳）『環境経済学——理論と実践』勁草書房，2005 年

練習問題解答

第**1**章

1-1　1：⑥　2：⑤　3：①　4：②　5：⑧　6：⑦　7：④　8：⑩　9：⑨

1-2　略。

1-3

(1)　下図参照。

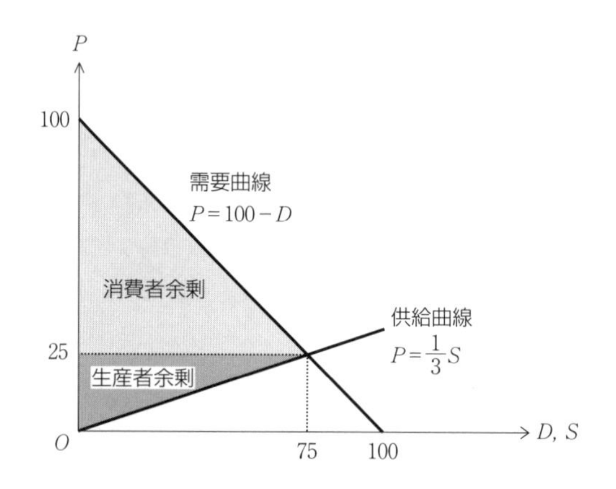

(2)　均衡価格＝25，均衡取引量＝75

(3)　2812.5

(4)　937.5

(5)　3750。図では，消費者余剰を表す三角形と生産者余剰を表す三角形の面積の合計。

第**2**章

2-1　1：①　2：④　3：⑤　4：⑨

2-2　自由放任の状態で実現する生産量：100。社会的最適な生産量：90。

2-3　1：③　2：①　3：②　4：③　5：⑨

第**3**章

3-1　1：⑩　2：⑤　3：⑤　4：③　5：⑦　6：⑥　7：⑨　8：③　9：④

3-2　ヒント：53～55頁に説明があります。

3-3　(1)，(2) ともに200メートル。なお，コースの定理より，どちらに権利があっても同じ高さになるが，(2) の場合には所有者が自由に決めた高さ（320メートル）をスタートとして，所有者と住民が交渉を行うことで，高さを120メートル低くすることになるため，ビルの高さが200メートルになることを確認しよう。

第**4**章

4-1　1：③　2：⑥　3：⑤　4：④　5：⑨　6：②　7：⑥　8：⑤　9：⑩

4-2　1：④　2：①　3：⑤　4：⑥　5：⑧　6：②　7：⑨　8：⑩　9：⑦

4-3　ヒント：70〜71頁に説明があります。

第**5**章

5-1　メリットは，資源が枯渇せず半永久的に使えること，二酸化炭素をほとんど排出しないこと，海外に依存しないこと，導入拡大により経済面での効果が期待されることなど。デメリットは，発電コストが高いこと，地形等の条件から発電設備を設置できる地点が限られること，自然状況に左右されるため発電量が不安定であることなど。

5-2　価格規制において，推測した限界削減便益曲線に基づいて設定した誤った料金によって実現する排出量と，数量規制において，推測した限界削減便益曲線に基づいて設定した誤った目標水準によって実現する排出量が同じになるため，価格規制と数量規制のどちらでも社会の損失は同じになる。

5-3　1：②　2：③　3：⑤　4：⑥　5：⑧

第**6**章

6-1

（Ⅰ）1：②　2：①　3：⑦　4：⑧

（Ⅱ）1：②　2：⑧　3：⑤

（Ⅲ）1：②　2：⑦　3：②　4：⑦　5：③　6：⑤

第**7**章

7-1　1：③　2：④　3：⑤　4：①　5：⑥

7-2　1：③　2：④

7-3　利子率が上昇するほど，来期の限界便益曲線の現在価値は下に移動するので，総社会的純便益 V が最大となる生産配分 Z^* は右に移動する。つまり，現在の利用量が多くなり，来期の利用量が小さくなる。

7-4　採掘費用 c が低下すると，今期の社会的限界純便益曲線と来期の社会的限界純便益曲線の現在価値の双方が上に移動するので，総社会的純便益 V が最大となる生産配分 Z^* は右に移動する。つまり，現在の利用量が多くなり，来期の利用量が小さくなる。

第8章

8-1　1：②　2：①　3：③　4：⑤

8-2　1：①　2：⑤（または1：⑤，2：①も可）

8-3　誰しも資源が利用でき，誰もが排除されない状況にあること。

8-4　価格が上がると収入線の傾きがより大きくなるため，利潤最大採取量はより大きくなり，オープン・アクセスのもとでの均衡点は費用線に沿って上に移動する。一方，価格が下がると収入線の傾きがより小さくなるため，利潤最大採取量は小さくなり，オープン・アクセスのもとでの均衡点は費用線に沿って下に移動する。

第9章

9-1　1：②　2：③　3：①　4：⑤

9-2　生息地の減少，汚染，乱獲，外来種，地球温暖化，過少利用。

9-3　供給サービス，調整サービス，文化サービス，基盤サービス（生息・生育地サービス）に分類されます。それぞれがどのようなものかについては，169〜171頁の説明を参照。

9-4　ヒント：176頁に説明があります。

第10章

10-1　1：④　2：③　3：⑤　4：②　5：⑦

10-2　ヒント：193〜195頁に説明があります。

10-3　略。

10-4　略。

索　引

● か　行

● さ　行

● た　行

● な　行

● は　行

● ま　行

● や　行

● ら　行

● わ　行

環境経済学の第一歩
First Steps in Environmental Economics

2021年12月25日　初版第1刷発行
2023年9月15日　初版第2刷発行

著　者　大沼（おおぬま）あゆみ
　　　　栢植（つげ）隆宏（たかひろ）

発行者　江草貞治
発行所　株式会社 有斐閣
郵便番号 101-0051
東京都千代田区神田神保町2-17
https://www.yuhikaku.co.jp/

印刷・大日本法令印刷株式会社／製本・大口製本印刷株式会社

ISBN 978-4-641-15089-8